三维地理
可视化建模技术

王石英　蒋容 ◎ 编著

西南交通大学出版社
·成 都·

图书在版编目（ＣＩＰ）数据

三维地理可视化建模技术 / 王石英，蒋容编著. －－
成都：西南交通大学出版社，2024.1（2025.1 重印）
ISBN 978-7-5643-9521-6

Ⅰ．①三… Ⅱ．①王… ②蒋… Ⅲ．①地理信息系统
－系统建模 Ⅳ．①P208.2

中国国家版本馆 CIP 数据核字（2023）第 197238 号

Sanwei Dili Keshihua Jianmo Jishu

三维地理可视化建模技术

王石英　蒋　容　编著

责任编辑	何明飞
封面设计	GT 工作室
出版发行	西南交通大学出版社 （四川省成都市金牛区二环路北一段 111 号 西南交通大学创新大厦 21 楼）
邮政编码	610031
营销部电话	028-87600564　　　028-87600533
网址	http://www.xnjdcbs.com
印刷	成都市新都华兴印务有限公司
成品尺寸	170 mm × 230 mm
印张	16.25
字数	257 千
版次	2024 年 1 月第 1 版
印次	2025 年 1 月第 2 次
书号	ISBN 978-7-5643-9521-6
定价	49.00 元

课件咨询电话：028-81435775

前　言

　　就地理信息科学专业初学者的成长方向，大致有两种看法，一是以应用为主，所以在专业入门阶段，侧重精通专业软件以及与相关的行业绑定；一是以开发或建模为主，这要求有一定的编程或数理基础。

　　实际面临的具体情况比较复杂，一般情况是初学者在应用和开发上都有一定的基础。在建模或开发阶段，对于相当部分初学者，从语言特性，到数据结构，再到基本库文件，然后到程序设计的学习，是需要花费很多精力的，如果语言平台有差异，更会增加掌握专业技能的难度。

　　互联网正在改变学习的初级形态，而时代背景下的人才竞争既要求有深厚的专业基础也突出原创能力。我们在这方面尽力做了一些尝试，面临地理信息可视化表达和专业三维建模的需求，以计算机图形学等为基础，以尽快从底层构建三维图形并形成迁移能力为目标。在少量指导和兼用网络资源的情况下，激发初学者主动探索的兴趣，做到基础与应用的平衡，为掌握专业技能做一些铺垫。我们欣喜地看到，沿着上述方向，经过十来年的持续共同实践，对三维地理建模，学生不仅有明显的兴趣，在代码与软件模型上都有一些比预期更多的想象力或功能拓展，这也是我们把其中主要内容整理出来的原因之一。

　　本书的第 1 章、第 2 章第 1、2、3 节和第 6 章由蒋容撰写，其余由王石英撰写并统稿。

　　限于能力，书中一定还存在或缺或泛、言不尽意等问题，欢迎大家不吝指正。我们借此衷心感谢地理信息科学省一流专业建设项目和地理科学国家一流专业建设的支持以及学校、学院的推动，感谢负责人员与编辑的工作。他们行胜于言的引领和认真负责的工作，与读者的肯定是等同重要的。这些都是我们持续前行的动力。

编　者

2023 年 10 月

CONTENTS

目　录

1

图形绘制基础

1.1 绘制三维图形的 OpenGL 图形库

提示：与计算机图形学深度绑定、具有平台无关性等 OpenGL 特征固然重要，对于初学者来说，迅速掌握使用思路、能够尽快在地理信息等行业中应用才是至关重要的。本节将讲述 OpenGL 图元、管线和函数的概念。

OpenGL 是一种应用程序编程接口（Application Programming Interface，API），它是一种可以对图形硬件设备特性进行访问的软件库。OpenGL 库的 4.3 版本包含了超过 500 个不同的命令，可以用于设置所需的对象、图像和操作，以便开发交互式的三维计算机图形应用程序。

OpenGL 被设计为一个现代化的、硬件无关的接口，因此可以在不考虑计算机操作系统或窗口系统的前提下，在多种不同的图形硬件系统上，或完全通过软件方式实现 OpenGL 的接口。OpenGL 自身没有任何窗口任务或处理用户输入的函数，要通过应用程序所运行的窗口系统提供的接口来完成这类操作。而且，OpenGL 没有提供任何用于表达三维物体的模型，或读取图像文件的操作。三维空间物体是通过一系列几何图元（点、线、三角面等）来创建的。

1.1.1 OpenGL 的主要特点

1. OpenGL 发展历程

OpenGL 起源于美国硅图公司（Silicon Graphics Inc., SGI）的 IRIS GL（GL 表示"图形库"）。硅图公司曾经是一家高端图形工作站制造商，它所制造的工作站曾经非常昂贵，并且使用专有图形 API。而其他制造商当时在寻求更便宜的解决方案，以期能够运行于其他厂商的 API 并彼此兼容。20 世纪 90 年代初期，SGI 意识到可移植性的重要性，决定清理 IRIS GL，移除 API 中与特定系统相关的部分，并且将其作为开放标准发布，任何用户都无须缴纳专利使用费。

OpenGL 最早的 1.0 版本是在 1992 年 7 月发布，经 Silicon 的图形计算机系统开发出来。同年，SGI 成立了 OpenGL 架构评审委员会（ARB），最初的成员包括 Compaq、DEC、IBM、Intel 以及 Microsoft 等公司。随即

Hewlett-Packard、Sun Microsystems、Evans & Sutherland 和 Intergraph 等公司也加入了该委员会。OpenGL ARB 是设计、控制并且制订 OpenGL 规范标准的主体，现在它是 Khronos Group 的一部分。Khronos Group 是由多家公司组成的监督很多开放标准制订情况的一家较大的联合机构，一些原始成员可能已经退出商业市场或者被其他公司收购合并。一些发展至今，一些更换了名称，一些曾作为实体参与了 20 多年前 OpenGL 最初版本的开发。

OpenGL 迄今为止已经发布了很多的 OpenGL 版本（当前最高版本为 4.6），以及大量构建于 OpenGL 之上以简化应用程序开发过程的软件库。这些软件库大量用于视频游戏、科学可视化和医学软件的开发，或者只是用来显示图像。不过，如今 OpenGL 的版本与其早期的版本已经有很多显著的不同。

一个用来渲染图像的 OpenGL 程序需要执行的主要操作如下：

（1）从 OpenGL 的几何图元中设置数据，用于构建形状。

（2）使用不同的着色器对输入的图元数据执行计算操作，判断它们的位置、颜色以及其他渲染属性。

（3）将输入图元的数学描述转换为与屏幕位置对应的像素片元（fragment）。这一步也被称作光栅化（rasterization）。

（4）最后针对光栅化过程产生的每个片元，执行片元着色器，从而决定这个片元的最终颜色和位置

（5）如果有必要，还需要对每个片元执行一些额外的操作，如判断片元对应的对象是否可见，或者将片元的颜色与当前屏幕位置的颜色进行融合。

OpenGL 是通过客户端-服务端的形式实现的，用户编写的应用程序可视为客户端，而计算机图形硬件厂商所提供的 OpenGL 实现可看作服务端。OpenGL 的一些实现（如 X 窗口系统的实现）允许服务端和客户端在一个网络内的不同计算机上运行。这种情况下，客户端负责提交 OpenGL 命令，它们被转换为窗口系统相关的协议，通过网络共享传输到服务端，最终执行并产生图像。

2. OpenGL 的主要功能

OpenGL 能够对整个三维模型进行渲染着色，绘制出与客观世界十分

相似的三维场景。另外，OpenGL 还可以进行三维交互、动作模拟等，主要功能包含：

1）建　模

OpenGL 图形库除了提供基本的点、线、多边形的绘制函数外，在一些扩展库还提供了复杂的三维物体（如球、锥、多面体、茶壶等）以及复杂曲线和曲面（如 Bezier、Nurbs 等曲线或曲面）绘制函数。

2）图形变换

OpenGL 图形库的变换包括基本变换和投影变换。基本变换有平移、旋转、比例、镜像四种，投影变换有平行投影（又称正射投影）和透视投影两种。这样设置有利于减少算法的运行时间，提高三维图形的显示速度。

3）模型观察

建立三维模型之后，观察三维模型是通过一系列的图形坐标变换，对整个三维场景进行投影变换、视窗变换和裁剪，最后可得到整个三维场景在屏幕上显示的图像。

4）颜色模式设置

OpenGL 颜色模式有两种，即颜色-透明的 RGBA 模式和颜色索引模式。

5）光照和材质设置

OpenGL 可分别对辐射光、环境光、漫反射光和镜面光进行设置。材质是用光反射率来表示。三维场景中物体最终反映到人眼的颜色是光的红、绿、蓝分量与材质红、绿、蓝分量的反射率相乘后形成的颜色。

6）纹理映射

利用纹理映射功能可以十分逼真地表达物体表面细节。在某些方面，对模型使用纹理能够节约建模成本。

此外，OpenGL 除了基本的拷贝和像素读写外，还提供了融合、反走样和雾化等特殊图像效果的处理方法，能够进行位图显示和图像增强，还能实现深度暗示、运动模糊、粒子等特殊效果，从而实现消隐算法。

3. OpenGL 核心模式

在前沿技术的开发中，30 年时间显得非常漫长。1992 年，顶尖的 Intel CPU 是 80486，当时数字协处理器还可以选择，奔腾也尚未发明出来（或至少还没有发布）。苹果计算机还在使用摩托罗拉 68K 处理器，1992 年下半年才开始用 PowerPC 处理器。在家用计算机上使用高性能图形加速还不太常见。如果没有一台高性能图形工作站，那你并不想使用 OpenGL。软件渲染主宰世界，Future Crew 的 Unreal 示例赢得了 Assembly 的 1992 年示例比赛。对于一台家用计算机，最多只能实现某些基本填充的多边形或者精灵渲染能力。

随着时间的推移，图形硬件的价格下降，性能逐渐提高，可用于家用计算机的廉价加速插件板和电子游戏机性能提升，某些价格实惠的处理器搭载了新功能并植入 OpenGL 中。这些功能绝大部分源自 OpenGL ARB 成员提议的扩展（extensions）。某些扩展之间相互作用，以及与 OpenGL 现有功能相互作用，而有一些则不能。

同时，更新、更好地激发图形系统性能的手段被发明出来，它们都被植入 OpenGL 中，于是有了多种方案实现同一功能。

长期以来，ARB 在向后兼容上花了很大力气，现在仍然如此。但是，这种向后兼容代价巨大。

最佳实践已经改变，在 20 世纪 90 年代中期性能优良的图形硬件并不能很好地适应如今的图形处理器架构。明确新的功能如何与旧的传统功能交互并不容易，而且多数情况下干净地引入一个新功能到 OpenGL 几乎不可能。对于实现 OpenGL 来说，这也变成了一项艰巨的任务，它导致驱动程序更容易出错，而且图形厂商也需要花费巨大的精力来维护所有的传统功能，而这些功能对图形技术的发展和变革没有任何用处。

有鉴于此，2008 年，ARB 决定将 OpenGL 规范变更为两种模式（profle），其中一种是现代核心（core）模式。这种模式删除了大量传统功能，仅留下目前图形硬件可实际加速的功能。兼容模式保留了 1.0 版开始的所有 OpenGL 版本的向后兼容性。因此，1992 年编写的软件可编译现代图形卡并在上面运行，且如今的性能比程序最初诞生时高出千倍。

但是，多数 OpenGL 专家强烈推荐在新应用程序开发中使用核心模式。特别是在一些平台上，只有使用 OpenGL 核心模式才能使用较新的功能，即使应用不经过任何修改，甚至只使用核心功能，使用 OpenGL 核心模式的应用也会比兼容模式快，除非请求兼容模式。如果某一功能仅存在于兼容模式中，但不存在于 OpenGL 核心模式内，这很可能是有原因的，因此不建议使用此功能。

4. 图形基元和像素

如前所述，OpenGL 的模型就好比一条生产线，或管线。该模型内的数据流通常是单一路径的，程序调用的命令形成数据进入管线开端，然后流经一个个阶段直到管线末端。沿此路径着色器或管线内的其他固定函数块可以从缓存（buffer）或纹理单元（texture）拾取更多数据，这些缓存和纹理单元用于储存渲染期间所用信息的结构。管线的某些阶段也可能将数据存入这些缓存或纹理单元，使应用程序可读取或保存数据，甚至对发生的情况进行反馈。

在 OpenGL 中，基本的渲染单元称为基元（primitive）。OpenGL 支持多种基元，但基本的几种基元为点、线和三角形。在屏幕看到渲染的所有东西都是（可能染色的）点、线和三角形的集合。应用一般会把复杂的表面分解成许多三角形，然后发送给 OpenGL，通过一个叫作光栅器（rasterizer）的硬件加速器进行渲染。相对来说，三角形是非常容易绘制的。多边形、三角形通常是凸形，很容易制定并遵循填充原则，凹形多边形总能分解成两个或多个三角形，因此硬件天然地支持直接渲染三角形，并且依赖其他子系统将复杂几何形体拆解为三角形。

光栅器是专门用来将三维形式的三角形转换为一系列需要在屏幕上进行渲染的像素的硬件。

点、线和三角形分别是由一个、两个或三个顶点集合组成的。一个顶点（vertex）就是一个空间坐标内的一个点。对三维坐标系来说，图形管线拆分为两个主要部分。第一部分是前端（front end），处理顶点和基元，最后把它们组成为点、线和三角形传递给光栅器。这个过程称为基元组装。经过光栅器处理之后，几何图形已经从本质上的向量被转变成大量独立的像素。这些都交给第二部分的后端（back end）处理，包括深度测试和模板测试、片段着色、混合以及更新输出图像。

5. OpenGL 和图形管线

大多数 OpenGL 实现都有相似的操作顺序，一系列相关的处理阶段称为 OpenGL 渲染管线。

生成一个高效能、高容量的产品通常需要两种因素：可伸缩和并行。在工厂中可能通过生产线来实现。比如，一名工人在安装汽车引擎时，另一名可同时安装车门，还有一名可同时安装车轮。通过将产品的生产阶段重叠，各阶段由专注于一项任务的熟练技术人员执行，因此各阶段更高效，整体生产力也随之提高。同样，要同时制造多辆汽车，工厂可组织多名工人同时安装多个部件。这样多辆汽车的制造可同时运作在生产线上，每辆汽车都处在完工的不同阶段。

计算机图形也是同样道理。OpenGL 接收程序发出的命令，然后发送给底层图形硬件，硬件再高效快速地产生预期结果。硬件上可能有多个命令排队等待执行，某些甚至已经完成了一部分。这些命令的执行过程会发生重叠，因此一个处于后续阶段的命令可能与另一个处于前期阶段的命令同时运行。此外，计算机图形处理通常由很多非常相似的重复性任务组成（如计算一个像素应该是什么颜色），并且这些任务彼此独立，即一个像素的着色结果与另外一个像素没有任何关系。就好像一个汽车车间可同时制造多辆汽车，OpenGL 可将工作分解然后利用其基础元素并行完成。通过管线（pipelining）和并行（parallelism）组合，现代图形处理器可实现前所未有的性能。

大多数 OpenGL 实现所依赖的图形处理单元，当前最新发展水平可进行多达每秒万亿次浮点运算，具有数吉字节内存，拥有数百上千吉字节每秒的接入速率，并且可以驱动多个几百万像素高频刷新的显示器。GPU 也超级灵活，能够处理与图形毫无关联的任务，如物理模拟、人工智能，甚至音频。

目前的 GPU 由大量小型可编程处理器组成,这些处理器被称为渲染核心（shader core），其运行的迷你程序称为着色器（shader）。每个核心的吞吐量相对较低，在一个或多个时钟周期内处理着色器的一条指令，并且一般缺少高级的特性，如乱序执行、分支预测、超标量发射等。但每个 GPU 可能包含几十到几千个核心，这些核心聚在一起可完成巨量工作。图形系统被分解为多个阶段，每个阶段用一个着色器或者固定函数（fixed-function）、可配置的处理块表示。图 1.1.1 展示了一个精简的图形管线。

图中，椭圆框表示固定函数阶段，方框表示可编程阶段，即它们会执行用户提供的着色器。实际上，部分或全部固定函数阶段可能也会以着色器代码来实现，只不过不是用户提供的代码，而通常是由 GPU 制造商提供的，包括部分驱动器、硬件或其他系统软件。

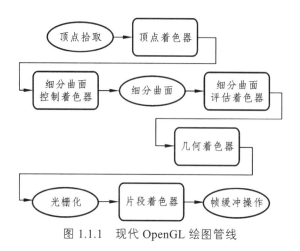

图 1.1.1　现代 OpenGL 绘图管线

基本管线由顶点—几何处理器—光栅化器—片段处理器—帧缓存—显示构成。

具体地说，OpenGL 渲染过程如下：OpenGL 要求把所有的几何图形单元都用顶点来描述，这样运算器和逐个顶点操作都可以针对每个顶点进行计算和操作，然后进行光栅化形成图形碎片；对于像素数据，像素操作结果被存储在纹理组装用的内存中，再像几何顶点操作一样光栅化形成图形片元。整个流程操作的最后，图形片元都要进行一系列的逐个片元操作，这样最后的像素值送入帧缓存区实现图形的显示。

（1）根据基本图形单元建立景物模型，并且对所建立的模型进行数学描述。

（2）把景物模型放在三维空间中的合适位置，并且设置视点（viewpoint）以观察所感兴趣的场景。

（3）计算模型中所有物体的色彩，其中的色彩根据应用要求来确定，同时确定光照条件、纹理贴图方式等。

（4）把景物模型的数学描述及其色彩信息转换为计算机屏幕上的像素，这个过程就是光栅化（rasterization）。

当绘制图形传给 OpenGL 之后，OpenGL 还要做许多工作以完成 3D 空间到屏幕的投影。这一系列的过程被称为 OpenGL 的渲染管线。一般地，OpenGL 的渲染流程如图 1.1.2 所示。

图 1.1.2　OpenGL 渲染中的变换

6. OpenGL 体系结构

一个完整的 OpenGL 图形处理系统结构为，最底层是图形硬件，然后是操作系统和建立在操作系统上的窗口系统，再上一层为 OpenGL，最后是应用软件。

OpenGL 在 Windows 操作系统下的实现是基于 Client/Server 模式的，应用程序发出 OpenGL 命令，由动态链接库 OpenGL32.DLL 接收和打包后，发送到服务器端的 WINSRV.DLL，然后由它通过 DDI 层发往视频显示驱动程序。如果系统安装了硬件加速器，则由硬件相关的 DDI 来处理（OpenGL/Windows 的体系结构见图 1.1.3）。

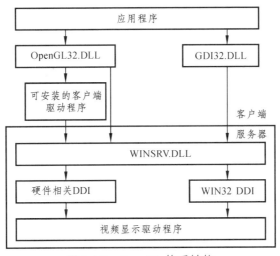

图 1.1.3　OpenGL 体系结构

1.1.2　OpenGL 的函数和函数库

1. OpenGL 函数库组成

OpenGL 由若干个函数库组成，这些库提供了数百条图形命令函数，但其中基本函数只有一百多条。这些命令涵盖了所有基本的三维图形绘制功能。目前，OpenGL 主要包括三个函数库，它们是核心库、实用函数库和实用工具包。

核心库中包含了 OpenGL 最基本的命令函数，实现建立各种各样的几何模型、进行坐标变换、产生光照效果、进行纹理映射、产生雾化效果等所有的二维和三维图形操作。实用函数库对核心库进行了部分封装，是比核心库更高一层的函数库。实用工具包中还设计了一些基本的窗口管理、事件处理函数。此外，还包括辅助库（以 aux 开头）、窗口库（以 glx、agl、wgl 开头）和扩展函数库等。窗口库是针对不同窗口系统的函数，扩展函数库是硬件厂商为实现硬件更新利用 OpenGL 的扩展机制开发的函数。

2. OpenGL 数据类型

为了更容易将 OpenGL 代码从一个平台移植到另一个平台，OpenGL 定义了它自己的数据类型，OpenGL 的数据类型定义可以与其他语言一致，但建议在 ANSI C 下最好使用表 1.1.1 中定义的数据类型，如 GLint、GLfloat 等。

表 1.1.1　OpenGL 函数名称中参数类型的含义

参数类型	数据类型	C 语言类型	OpenGL 类型
b	8 位整数	signed char	GLbyte
s	16 位整数	short	GLshort
i	32 位整数	long	Glint，GLsize
f	32 位浮点数	float	GLfloat
d	64 位浮点数	double	GLdouble
ub	8 位无符号整数	unsigned char	GLubyte，GLboolean
us	16 位无符号整数	unsigned short	GLushort
ui	32 位无符号整数	unsigned long	GLuint，GLenum

3. OpenGL 函数命名约定

OpenGL 的函数命名比较有规律，便于阅读和在编程中使用。所有函数名都采用如下格式：

<库前缀><根命令><可选参数个数><可选参数类型>

图 1.1.4 显示了一个三维空间顶点函数的名称构成。gl 是核心库，还有 glu、glut 或 aux 等，分别表示属于实用函数库、实用工具包或辅助库。Vertex 是函数的基本含义，这里表示顶点。后缀 3f 表示函数采用了 3 个浮点参数；还有采用 3 个整数、3 个双精度的等，注意有的函数参数类型前带有数字 4，4 代表透明度 alpha 值。

图 1.1.4　OpenGL 函数构成

有些函数最后带一个字母 v，表示函数参数可用一个指针指向一个向量（或数组）来替代一系列单个参数值。

思考

（1）OpenGL 的主要特点是什么？

（2）什么是 OpenGL 管线？

（3）如何使用同系列的 OpenGL 函数？

1.2　简单几何图形绘制

提示：一个简明的 OpenGL 框架，可以反复使用，可以让设计人员把更多精力放在三维模型构建中。从顶点到图元到模型场景，本节是使用代码绘图的起点。

1.2.1　OpenGL 绘图程序框架

下面代码的输出结果将在一个大小为 400×400 的视窗中央,绘制出一个彩色的三角形,同时在控制台上输出运行机器上的 OpenGL 的版本号(见图 1.2.1)。

// 头文件 header.h

#ifndef _HEADER_H_

```
#define _HEADER_H_
#include <stdio.h>
#include <GL/glut.h>

void myDisplay(void);

#endif

// 源文件 main.cpp
int main(int argc,char *argv[])
{
    glutInit(&argc,argv);
    glutInitDisplayMode(GLUT_RGB | GLUT_SINGLE);
    glutInitWindowPosition(100, 100);
    glutInitWindowSize(400, 400);
    glutCreateWindow("第一个 OpenGL 程序");
    glutDisplayFunc(&myDisplay);

    //负责当前 OpenGL 实现厂商的名字
    const GLubyte* name = glGetString(GL_VENDOR);
    //一个渲染器标识符
    const GLubyte* biaoshifu = glGetString(GL_RENDERER);
    //当前 OpenGL 实现的版本号
    const GLubyte* OpenGLVersion = glGetString(GL_VERSION);
    //当前 GLU 工具库版本
    const GLubyte* gluVersion = gluGetString(GLU_VERSION);
    printf("OpenGL 实现厂商的名字:%s\n",name);
    printf("渲染器标识符:%s\n",biaoshifu);
    printf("OpenGL 实现的版本号:%s\n",OpenGLVersion);
    printf("GLU 工具库版本:%s\n",gluVersion);
```

```
    glutMainLoop();
    return 0;
}

void myDisplay(void)
{
    glClearColor(1.0, 1.0, 1.0, 1.0);
    glClear(GL_COLOR_BUFFER_BIT);
    glRectf(-0.5f, -0.5f, 0.5f, 0.5f);
    glBegin(GL_TRIANGLES);
    glColor3f(1.0, 0.0, 0.0);        glVertex2f(-0.65, -0.65);
    glColor3f(0.0, 1.0, 0.0);        glVertex2f(0.65, -0.65);
    glColor3f(0.0, 0.0, 1.0);        glVertex2f(0.0, 0.65);
    glEnd();
    glFlush();
}
```

 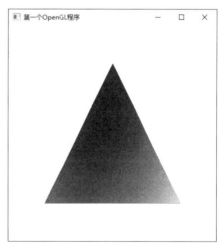

图 1.2.1　使用 OpenGL 绘图

上面 OpenGL 程序结构主要包括：

1. 头文件

包含 OpenGL 函数原型的头文件。头文件 glut.h 中还包含了 gl.h 和 glu.h,这两个文件定义了 OpenGL 和 GLU 的库函数。如果是 Windows 应用程序,则还需要包含 Windowsh 头文件。

2. 主程序

它是 C++程序的入口点,控制台模式的 C 和 C++程序总是从函数 main() 开始的,在这个例子中并没有 WinMain,这是因为从控制台应用程序开始,不涉及窗口的创建和消息循环,用 Win32 可以从控制台应用程序中创建图形化窗口,这些细节被掩盖在 GLUT 库内了。Main 函数中 7 个 GLUT 库函数主要用于初始化 GLUT 库、设置显示模式包括缓存区类型和颜色类型等、创建用户窗口、渲染绘制窗口以及开始运行 GLUT 框架,使程序进入消息循环状态。

3. 子函数

更复杂的绘制程序可以放在诸多子函数中,在这些子函数中包含一些专门的 OpenGL 函数调用,这样使程序结构化、更加易读。这里的子函数是一个名为 myDisplay 的函数,它的主要功能是绘图显示,在绘图之前要刷新和清空颜色缓存区,然后根据需要进行绘制,程序绘制的是一个左下角坐标为(-0.5,-0.5)右上角坐标为(0.5,0.5)的三角形。绘制完成后要刷新命令队列和缓存区,使所有尚未被执行的 OpenGL 命令得到执行。

图元是一个系统提供的基本绘图元素,是图形系统中使用的基本实体。复杂的图形是由不同的图元组合而成。OpenGL 提供的图元相当有限,主要是点、线段、三角形、四边形和多边形等;也存在一些非几何图元,如位图和像素矩形。OpenGL 允许对图元实施一系列变换,以便对图元进行平移、尺寸调整或重新指定朝向。

1.2.2 基本图元在计算机中的表示

在 OpenGL 中,所有几何物体最终都由有一定顺序的顶点集来描述。函数 glVertex*()可以用二维、三维或齐次坐标定义顶点。在实际应用中,通常用一组相关的顶点序列以一定的方式组织起来定义某个几何图元,而不采用单独定义多个顶点来构造几何图元。在 OpenGL 中，所有被定义的顶点必须放在 glBegain() 和 glEnd() 两个函数之间才能正确表达一个几何图元或物体；否则，glVertex*() 不完成任何操作。

数学上的点、直线和多边形在计算机中的绘制与几何上有所不同。数学上的点，只有位置，没有大小。但在计算机中，无论计算精度如何提高，始终不能表示一个无穷小的点，显示器等图形输出设备也不能输出一个无穷小的点。一般 OpenGL 中的点会表示成单个的像素。同一像素上，OpenGL 可以绘制许多坐标只有稍微不同的点，但该像素的具体颜色将取决于 OpenGL 的实现。

数学上的直线没有宽度，但 OpenGL 的直线却是有宽度的。同时，OpenGL 的直线必须是有限长度，而不是像数学概念那样是无限的。OpenGL 的"直线"概念接近数学上的"线段"，由两个端点（顶点）来确定。

多边形是由多条线段首尾相连而形成的闭合区域。OpenGL 规定，一个多边形必须是一个凸多边形，即多边形内任意两点所确定的线段都在其内，它也不能是空心的。多边形可以由其边的端点（顶点）来确定。所以，在 OpenGL 中尽量使用三角形，因为三角形是最简单的凸多边形。

通过点、直线和多边形，就可以组合成复杂的几何图形。而一条弧段，可以由很多短的直线段相连而成。这些直线段足够短，以至于其长度小于一个像素的宽度。因此，还可表示弧和圆。同理，通过位于不同平面的相连的小多边形或小三角形，还可以组成一个"曲面"。

点、直线段和多边形等基本图元是由若干顶点来定义的。顶点由 glVertex*函数指定，按绘制顺序放在 glBegin() 和 glEnd() 函数对之间，并由 glBegin() 的参数来指定"装配"成何种基本图元。

1.2.3　点

OpenGL 图形绘制中，点是最基本的图元。调用 glBegin() 时应将参数取为 GL_POINTS。每个顶点指定了一个点，位于裁剪窗口之内的点将依据点尺寸属性和当前颜色进行显示，其中点尺寸属性借助函数 glPointSize() 来设定。

例如，用下面的程序来绘制两个顶点，但将每个顶点设为不同颜色。

glPointSize(2.0);

glBegin(GL_POINTS);

```
glColor3f(1.0, 1.0, 1.0);
glVertex2f(-0.5, -0.5);
glColor3f(1.0, 0.0, 0.0);
glVertex2f(-0.5, 0.5);
glEnd();
```

1.2.4 线段和多边形

glBegin()标志着一个顶点数据列表的开始，它描述了一个几何图元。参数指定了图元的类型，它可以是表 1.2.1 列出的其中一个值。

表 1.2.1 图元的名称和含义

值	含　义
GL_POINTS	单个的点
GL_LINES	一对顶点被解释为一条直线
GL_LINE_STRIP	一系列的连接直线
GL_LINE_TRIANGLES	和上一条相同，但第一个顶点和最后一个顶点彼此相连
GL_TRIANGLE_STRIP	3 个顶点被解释为一个三角形
GL_TRIANGLE_FAN	三角形的连接串
GL_QUADS	连接成扇形的三角形系列
GL_QUAD_STRIP	4 个顶点被解释为一个四边形
GL_POLYGON	四边形的连接

图元名称使用示例如图 1.2.2 所示。

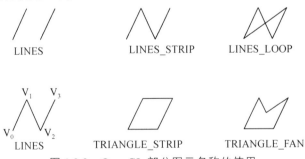

图 1.2.2 OpenGL 部分图元名称的使用

例如，生成一个正弦函数图形。OpenGL 默认坐标值只能从 −1 到 1，设置了一个因子 factor，把所有的坐标值等比例缩小，这样就能画出更多个正弦周期。

```
const GLfloat factor = 0.1f;
glBegin(GL_LINES);
    glVertex2f(-1.0f, 0.0f);
    glVertex2f(1.0f, 0.0f);      // 画 x 轴
    glVertex2f(0.0f, -1.0f);
    glVertex2f(0.0f, 1.0f);      // 画 y 轴
glEnd();
glBegin(GL_LINE_STRIP);
  for(x=-1.0f/factor; x<1.0f/factor; x+=0.01f)
  {
    glVertex2f(x*factor, sin(x)*factor);
  }
glEnd();
```

思考

（1）写出一个 OpenGL 控制台应用程序的框架。

（2）相同的顶点数据，如何生成不同的图形？

1.3 几何图形细节

提示：OpenGL 用少量的书写提供了多样化的绘图控制。其中，法线向量是光照的基础，顶点数组是减少代码冗余、构建层次化建模的基础。

OpenGL 具有很多绘制功能，如光照、消隐、纹理映射等，每种特性都将影响绘制处理的速度。OpenGL 也是一个"状态机"，在新的设置更改前，将一直维持当前绘制状态。应用程序可独立地启用一些特性，如打开光照；可能只在程序中的某一部分需要而在另一部分不需要，所以如果当该项特性不再需要时将其禁用，会使程序更加高效。

void glEnable（GLenum feature）;

void glDisable（GLenum feature）;

用上面的语句来启用或禁用 OpenGL 选项 feature。

1.3.1　齐次坐标

在空间直角坐标系中，任意一点可用一个三维坐标矩阵[x y z]表示。如果将该点用一个四维坐标的矩阵[Hx Hy Hz H]表示时，则称为齐次坐标表示方法。在齐次坐标中，最后一维坐标 H 称为比例因子。

在 OpenGL 中，二维坐标点全看作三维坐标点，所有的点都用齐次坐标来描述，统一作为三维齐次点来处理。每个齐次点用一个向量(x,y,z,w)表示，其中 4 个元素全不为零。齐次点具有下列几个性质：

（1）如果实数 a 非零，则(x,y,x,w)和(ax,ay,az,aw)表示同一个点，类似于 $x/y=(ax)/(ay)$。

（2）三维空间点(x,y,z)的齐次点坐标为$(x,y,z,1.0)$，二维平面点(x,y)的齐次坐标为$(x,y,0.0,1.0)$。

（3）当w不为零时,齐次点坐标(x,y,z,w)即三维空间点坐标$(x/w,y/w,z/w)$；当 w 为零时，齐次点$(x,y,z,0.0)$表示此点位于某方向的无穷远处。注意，OpenGL 中指定 $w \geqslant 0.0$。

1.3.2　点与线段

1. 点

点的大小默认为 1 个像素，可以通过 glPointSize()来调整。函数原型如下：

void glPointSize(GLfloat size);

size 必须大于 0.0f，默认值为 1.0f，单位为“像素”。具体的 OpenGL 实现中，点的大小是有限度的，如果设置的 size 超过最大值，则显示可能会有问题。显示点的完整示例如下：

```
void myDisplay(void)
{
    glClear(GL_COLOR_BUFFER_BIT);
    glPointSize(5.0f);
```

```
glBegin(GL_POINTS);
    glVertex2f(0.0f, 0.0f);
    glVertex2f(0.5f, 0.5f);
glEnd();
glFlush();
}
```

2. 直　线

可以指定直线的宽度，其用法与 glPointSize 类似。

void glLineWidth(GLfloat width);

3. 虚　线

用 glEnable(GL_LINE_STIPPLE)来启动虚线模式；使用 glDisable (GL_LINE_STIPPLE)可以关闭它。然后，使用 glLineStipple 来设置虚线的样式。

void glLineStipple(GLint factor,GLushort pattern);

pattern 是由 1 和 0 组成的长度为 16 的序列，从最低位开始看，如果为 1，则直线上接下来应该画的 factor 个点将被画为实的；如果为 0，则直线上接下来应该画的 factor 个点将被画为虚，如图 1.3.1 所示。

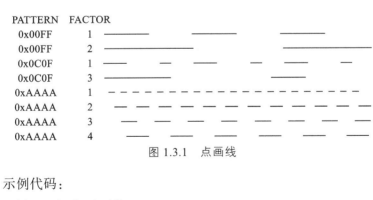

图 1.3.1　点画线

示例代码：

```
void myDisplay(void)
{
    glClear(GL_COLOR_BUFFER_BIT);
    glEnable(GL_LINE_STIPPLE);
```

```
glLineStipple(2, 0x0F0F);
glLineWidth(10.0f);
glBegin(GL_LINES);
    glVertex2f(0.0f, 0.0f);
    glVertex2f(0.5f, 0.5f);
glEnd();
glFlush();
}
```

假设有一个存储地图顶点（即坐标点，其中 x、y 是地理坐标）的数组 cnbndcoord[][] 如下。

```
GLint row = 9245,col = 2;
GLfloat cnbndcoord[][2] =
{
{ -787817.562500, 4820628.500000 },
{ -789628.437500, 4820968.500000 },
{ -792248.187500, 4824183.500000 },
……
}
```

则可以使用 for 循环读取它的坐标点位置信息，并使用线段绘制中的 GL_LINE_STRIP 或 GL_LINE_LOOP 来显示地理边界（见图 1.3.2）。

根据点坐标信息，使用 OpenGL 线段命令绘制地图代码如下。

```
glBegin(GL_LINE_STRIP);
    for(int i = 0; i < row; i++)
    {
        glVertex2f(cnbndcoord[i][0],cnbndcoord[i][1]- 4000000);
    }
glEnd();
```

其中视窗大小为 600×600 的地图（单位：米，Albers 投影，中央经线是 105°E）。由于纵坐标轴的基线是赤道，如果直接绘制图形会偏离窗口中心，显得不平衡，所以将地图的坐标向下平移了 4 000 000 个单位（关于如何将图形放在视口中间，后面介绍 gluOrtho2D()时有讨论）。

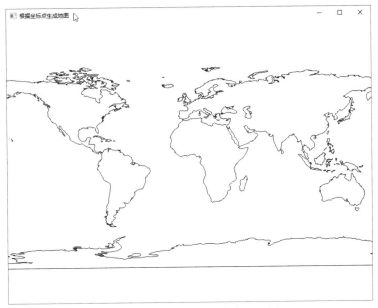

图 1.3.2　线段命令生成地图示例

1.3.3　多边形

1. 多边形的两面以及绘制方式

从三维角度看，一个多边形具有两个面。每一个面都可以设置不同的绘制方式：填充、只绘制边缘轮廓线、只绘制顶点。其中"填充"是默认的方式。可以给两个面分别设置不同的方式。

glPolygonMode(GL_FRONT,GL_FILL);　　// 设置正面为填充方式

glPolygonMode(GL_BACK,GL_LINE);　　// 设置反面为边缘绘制方式

glPolygonMode(GL_FRONT_AND_BACK,GL_POINT);

　　　　　　　　　　　　　　　　// 设置两面均为顶点绘制方式

2. 反　转

一般以"顶点以逆时针顺序出现在屏幕上的面"为"正面"，另一个面即成为"反面"。生活中常见的物体表面，通常都可以用这样的"正面"和"反面"，"合理地"表现出来。但如莫比乌斯带等一些比较特殊的表面显示中，可以全部使用"正面"或全部使用"背面"来表示。

也可以通过 glFrontFace 函数来交换"正面"和"反面"的设置。

glFrontFace(GL_CCW);　// 设置 CCW 方向为"正面"，

CCW 即 CounterClockWise，逆时针

glFrontFace(GL_CW);　　// 设置 CW 方向为"正面"，CW 即 ClockWise，

顺时针

下面的测试中，可将 glFrontFace(GL_CCW)修改为 glFrontFace (GL_CW)，观察结果的变化。

```
void myDisplay(void)
{
    glClear(GL_COLOR_BUFFER_BIT);
    glPolygonMode(GL_FRONT,GL_FILL);    // 设置正面为填充模式
    glPolygonMode(GL_BACK,GL_LINE);     // 设置反面为线形模式
    glFrontFace(GL_CCW);                      // 设置逆时针方向为正面

    glBegin(GL_POLYGON);     // 按逆时针绘制一个正方形，在左下方
        glVertex2f(-0.5f, -0.5f);
        glVertex2f(0.0f, -0.5f);
        glVertex2f(0.0f, 0.0f);
        glVertex2f(-0.5f, 0.0f);
    glEnd();

    glBegin(GL_POLYGON);     // 按顺时针绘制一个正方形，在右上方
        glVertex2f(0.0f, 0.0f);
        glVertex2f(0.0f, 0.5f);
        glVertex2f(0.5f, 0.5f);
        glVertex2f(0.5f, 0.0f);
    glEnd();

    glFlush();
}
```

3. 剔除多边形表面

三维空间中，一个多边形虽然有两个面，但通常无法看见背面的那些

多边形。即使一些多边形是正面的，也可能被其他多边形所遮挡。如果将无法看见的多边形和可见的多边形同等绘制，无疑会降低图形处理的效率。此时，可剔除不必要的面。

先用 glEnable(GL_CULL_FACE)来启动剔除功能(使用 glDisable (GL_CULL_FACE)能关闭它)。然后，使用 glCullFace 来进行剔除。glCullFace 的参数可以是 GL_FRONT、GL_BACK 或 GL_FRONT_AND_BACK，分别表示剔除正面、剔除反面、剔除正反两面的多边形。

剔除功能只影响多边形效果，如使用 glCullFace(GL_FRONT_AND_BACK)后，所有的多边形都将被剔除，能看见的就只有点和直线。

4. 镂空多边形

多边形则可以镂空表示。使用 glEnable(GL_POLYGON_STIPPLE)来启动镂空模式(使用 glDisable(GL_POLYGON_STIPPLE)来关闭它)，再使用 glPolygonStipple 来设置镂空的样式。

void glPolygonStipple(const GLubyte *mask);

参数 mask 指向一个长度为 128 字节的空间，它表示了一个 32×32 的矩形应该如何镂空。其中，第一个字节表示最左下方的从左到右(也可以是从右到左，这个可以修改)8 个像素是否镂空(1 表示不镂空，显示该像素; 0 表示镂空，显示其后面的颜色)，最后一个字节表示最右上方的 8 个像素是否镂空。

1.3.4 法　线

法线是一条垂直于某个表面的方向向量。对于平面而言，它上面每个点的垂直方向都是相同的。但对于一般的曲面而言，表面上每个点的法线方向可能各不相同。

在 OpenGL 中，既可以为每个多边形指定一条法线，也可以为多边形的每个顶点分别指定一条法线。同一个多边形的顶点可能共享同一条法线(平面)，也可能是不同的法线(曲面)。除了顶点之外，不能为多边形的其他地方分配法线。

物体的法线向量定义了它的表面在空间中的方向。具体地说，定义了它相对于光源的方向。OpenGL 使用法线向量确定这个物体的各个顶点所接收的光照。在定义物体的几何形状时，同时也定义了它的法线向量。

可以使用 glNormal*()函数，把当前的法线向量设置为这个函数的参数所表示的值。以后调用 g1Verex*()时，就会把当前法线向量分配给它所指定的顶点。每个顶点常常具有不同的法线，因此需要交替调用这两个函数，如下列程序所示。

```
glBegin(GL_POLYGON);
    glNormal3fv(n0);
    glVertex3fv(v0);
    glNormal3fv(n1);
    glVertex3fv(v1);
    glNormal3fv(n2);
    glVertex3fv(v2);
    glNormal3fv(n3);
    glVertex3fv(v3);
glEnd();
```

在表面的一个特定点上，指向表面外侧的那条向量才是它的法线。如果想反转模型的内侧和外侧，只要把所有的法线向量从(x, y, z)修改为$(-x, -y, -z)$就可以了。另外需要记住的是，由于法线向量只表示方向，因此它的长度是无关紧要的。法线可以指定为任意长度，但是在执行光照计算之前，它的长度会转换为 1（长度为 1 的向量称为单位向量或规范化向量）。一般而言，应该使用规范化的法线向量。

1.3.5　顶点数组

由于 OpenGL 需要进行大量的函数调用才能完成对几何图元的渲染。绘制一个 20 条边的多边形至少需要 22 个函数调用：首先调用 1 次 glBegin()，然后为每个顶点调用 1 次函数，最后调用 1 次 glEnd()。如果需要额外的信息（多边形边界标志或表面法线），在每个顶点上还要增加函数调用。这可能会成倍地增加渲染几何物体所需要的函数调用数量。在一些系统中，函数调用具有相当大的开销，可能会影响应用程序的性能。

另外一个问题是相邻多边形共享顶点的冗余处理。例如，绘制一个立方体，涉及 6 个面和 8 个共享顶点。如果按照标准方法，最终每个顶点要指定 3 次，分别用于每个需要使用这个顶点的面。这样，一共指定了 24 个顶点，尽管实际上只要处理 8 个顶点就够了。

例如立方体各顶点的编号如图 1.3.3 所示时，所需数组如下。

GLfloat vertices[][3] = {{-1.0, -1.0, 1.0}, {-1.0, 1.0, 1.0},
　　　　　　　　　　　　{1.0, 1.0, 1.0}, {1.0, -1.0, -1.0}, {-1.0, -1.0, -1.0}
　　　　　　　　　　　　{-1.0, 1.0, -1.0}, {1.0, 1.0, -1.0}, {1.0, -1.0, -1.0}};

GLfloat colors[][3] = {{1.0, 0.0, 0.0}, {0.0, 1.0, 1.0},
　　　　　　　　　　　{1.0, 1.0, 0.0}, {0.0, 1.0, 0.0}, {0.0, 0.0, 1.0},
　　　　　　　　　　　{1.0, 0.0, 1.0}};

先增加一个依据顶点索引绘制多边形的简单函数。

```
void polygon(int a,int b,int c,int d)
{
    glBegin(GL_POLYGON);
        glVertex3f(vertices[a]);
        glVertex3f(vertices[b]);
        glVertex3f(vertices[c]);
        glVertex3f(vertices[d]);
    glEnd();
}
```

再编写绘制立方体 cube()函数。

```
void cube()
{
    glColor3fv(colors[0]);
    polygon(0, 3, 2, 1);
    glColor3fv(colors[2]);
    polygon(2, 3, 7, 6);
    glColor3fv(colors[3]);
    polygon(3, 0, 4, 7);
    glColor3fv(colors[0]);
    polygon(1, 2, 6, 5);
```

```
glColor3fv(colors[4]);
polygon(4, 5, 6, 7);
glColor3fv(colors[5]);
polygon(5, 4, 0, 1);
}
```

虽然上述代码的调用并不能减少函数调用的次数，但是它的结构比以前清晰了不少。这样做的一个优点是每个顶点的位置只出现一次。在交互式程序运行中顶点可能会被用户修改，使对顶点的修改变得相对容易。

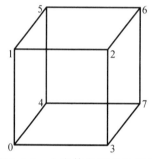

图 1.3.3　立方体各顶点的编号

OpenGL 提供了一些顶点数组函数，允许只用少数几个数组指定大量的与顶点相关的数据，并用少量函数调用（与顶点数组的数量相仿）访问这些数据。使用顶点数组函数，一个拥有 20 条边的多边形的 20 个顶点可以放在 1 个数组中，并且只通过 1 个函数进行调用。如果每个顶点还有一条法线向量，所有 20 条法线向量可以放在另一个数组中，也可以只通过 1 个函数进行调用。

把数据放在顶点数组中可以提高应用程序的性能。使用顶点数组可以减少函数调用的次数，从而提高性能。另外，使用顶点数组还可以避免共享顶点的冗余处理。

思考

（1）法线和数组有什么作用？

（2）使用绘图参数，设计一个区域的边界、地名符号。

1.4 颜 色

提示：通常 OpenGL 通过归一化范围使用颜色。在色彩选择中，要理解一种颜色在社会文化或者行业规范中蕴含的意义而不仅仅是用色彩填充。

1.4.1 颜色模型

颜色模型是在特定上下文中对颜色的特性和行为的解释方法。不同的颜色模型用于不同的场合。

1. RGB 模型

编辑图像 RGB 颜色模型是最佳的色彩模式，可以提供全屏幕的 24 位颜色范围即真彩色显示。

显示器系统、彩色阴极射线管、彩色光栅图形的显示器通常都使用 R、G、B 数值来驱动 R、G、B 电子枪发射电子，分别激发荧光屏上的 R、G、B 三种颜色的荧光粉发出不同亮度的光线，并通过相加混合产生各种颜色。RGB 色彩空间称为与设备相关的色彩空间。因为不同的扫描仪扫描同一幅图像会得到不同色彩的图像数据；不同型号的显示器显示同一幅图像，也会有不同的色彩显示结果。

用图 1.4.1 所示的单位立方体来描述 RGB 颜色模型。用 R、G、B 三个颜色分量表示坐标轴。坐标原点代表黑色，而其对角坐标点(1,1,1)代表白色。在三个坐标轴上的顶点代表三个基色，而余下的顶点则代表每一个基色的补色。RGB 颜色模型是一个加色模型，根据三基色原理，用基色光单位来表示光的量，则在 RGB 颜色空间中多种基色的强度加在一起生成另一种颜色。立方体边界中的每一个颜色点都可以表示三基色的加权向量和。

2. CMYK 模型

视频监视器通过组合屏幕磷粉发射的光而生成颜色，这是一种加色处理。而打印机、绘图仪之类的硬拷贝设备通过往纸上涂颜料来生成彩色图片，这是通过反射光来看见颜色，是一种减色处理。

图 1.4.2 表示 CMYK（Cyan、Magenta、Yellow、Black）颜色模型立方体，CMYK 颜色模型使用青色、品红和黄色作为三基色。在模型中，点 (1,1,1)因为减掉了所有的投射光成分而表示为黑色，原点表示白色。沿着立方体对角线，每种基色量均相等而生成灰色。

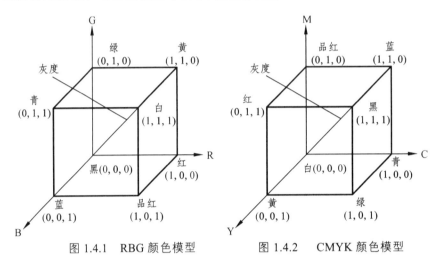

图 1.4.1　RBG 颜色模型　　　　图 1.4.2　CMYK 颜色模型

使用 CMYK 模式的打印处理通过 4 个墨点的集合来产生颜色,在某种程度上与 RGB 监视器使用 3 个磷粉点的集合是一样的。只不过 K 是黑色参数，3 种基色各使用 1 点，黑色也使用 1 点。因为基色青色、品红色和黄色墨水的混合通常生成深灰色而不是黑色。所以黑色单独包含在其中。有些绘图仪通过重叠喷上 3 种基色的墨水并让它们在干之前混合起来而生成各种颜色。对于黑白或灰度图像，只用黑色墨水就可以了。

可以用一个变换矩阵来表示从 RGB 到 CMY 的转换：

$[C\ M\ Y] = [1\ 1\ 1] - [R\ G\ B]$

也可以使用另一个变换矩阵把 CMY 颜色表示成 RGB 颜色：

$[R\ G\ B] = [1\ 1\ 1] - [C\ M\ Y]$

所以，RGB 颜色模型和 CMYK 模型为互补颜色模型。

3. HSV 模型

HSV（Hue、Saturation、Value）是根据颜色的直观特性由 A. R. Smith 在 1978 年创建的一种颜色空间，也称六角锥体模型。图 1.4.3 表示 HSV

颜色模型,这个模型中颜色的参数分别是色调(H)、饱和度(S)、亮度(V)。其中,H用角度度量,取值范围为0°~360°,从红色开始按逆时针方向计算,红色为0°,绿色为120°,蓝色为240°。它们的补色是黄色为60°,青色为180°,品红为300°;S取值范围为0.0~1.0;值越大,颜色越饱和。V取值范围为0(黑色)~255(白色)。

RGB和CMYK颜色模型都是面向硬件的,而HSV颜色模型是面向用户的。HSV模型的三维表示从RGB立方体演化而来。设想从RGB沿立方体对角线的白色顶点向黑色顶点观察,就可以看到立方体的六边形外形。六边形边界表示色彩,水平轴表示纯度,明度沿垂直轴测量。

HSV对用户来说是一种直观的颜色模型。我们可以从一种纯色彩开始,即指定色彩角H,并让$V=S=1$,然后向其中加入黑色和白色来得到需要的颜色。

增加黑色可以减小V而S不变,同样增加白色可以减小S而V不变。例如,要得到深蓝色,$V=0.4$,$S=1$,$H=240°$。

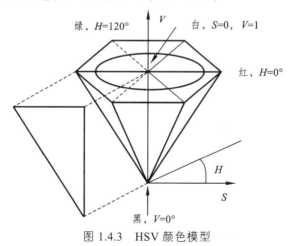

图 1.4.3　HSV 颜色模型

由于HSV是一种比较直观的颜色模型,所以在许多图像编辑工具中应用比较广泛,如Photoshop(在Photoshop中为HSB)等。但这也决定了它不适合使用在光照模型中,许多光线混合运算、光强运算等都无法直接使用HSV来实现。

1.4.2　RGBA 颜色

OpenGL 支持两种颜色模式：一种是 RGBA，另一种是颜色索引模式。在大多情况下，采用 RGBA 模式比颜色索引模式的要多，尤其许多效果处理，如阴影、光照、雾、反走样、混合等，采用 RGBA 模式效果会更好。另外，纹理映射只能在 RGBA 模式下进行。

一般来说，若原来应用程序采用的是颜色表模式则转到 OpenGL 上来时最好仍保持这种模式，便于移植。若所用颜色不在缺省提供的颜色许可范围之内，则采用颜色表模式。在其他许多特殊处理中，如颜色动画，采用这种模式会出现奇异的效果。

无论哪种颜色模式，计算机都必须为每一个像素保存一些颜色属性数据。不同的是，RGBA 模式中，数据直接就代表了颜色；而颜色索引模式中，数据代表的是一个索引，要得到真正的颜色，就必须去查索引表。

RGBA 模式中，每一个像素会保存以下数据：R 值（红色分量）、G 值（绿色分量）、B 值（蓝色分量）和 A 值（alpha 分量，设置透明度）。指定红、绿、蓝三种颜色组合，就可以得到需要的各种颜色，而 alpha 不直接影响颜色。

glColor*系列函数可以用于设置颜色，3 个参数的版本可以指定 R、G、B 的值，而 A 值采用默认；4 个参数的版本可以分别指定 R、G、B、A 的值。它们的取值范围都是[0,1]。例如：

void glColor3f(GLfloat red,GLfloat green,GLfloat blue);

void glColor4f(GLfloat red,GLfloat green,GLfloat blue,GLfloat alpha);

将浮点数作为参数，"0.0"表示不使用该种颜色，而"1.0"表示将该种颜色用到最多。根据函数的第二个后缀使用不同，相应的参数值范围也不一样。例如，ub 为 1 字节无符号整型，取值为 0 ~ 255。虽然参数可以不同，实际上 OpenGL 已自动将它们映射在 0.0 到 1.0 或 – 1.0 的范围之内。

浮点数可以精确到小数点后若干位，但这并不意味着计算机就可以显示如此多种的颜色。实际上，计算机可以显示的颜色种数将由硬件决定。如果 OpenGL 找不到精确的颜色，会进行类似"四舍五入"的处理。

表 1.4.1 所示列是部分颜色的 RGB 参数。

表 1.4.1 　OpenGL 部分 RGB 颜色表

颜色名称	RGB 值	颜色名称	RGB 值
黑色	0, 0, 0	青色	0, 1, 1
白色	1, 1, 1	品红	1, 0, 1
红色	1, 0, 0	灰色	0.5, 0.5, 0.5
绿色	0, 1, 0	紫色	0.63, 0.13, 0.94
蓝色	0, 0, 1	橙色	1, 0.38, 0
黄色	1, 1, 0		

下面示例中，可以通过改变代码中 glColor3f()的参数值，绘制不同颜色的矩形。

```
void myDisplay(void)
{
    glClear(GL_COLOR_BUFFER_BIT);
    glColor3f(0.0f, 1.0f, 1.0f);
    glRectf(-0.5f, -0.5f, 0.5f, 0.5f);
    glFlush();
}
```

1.4.3　索引颜色

索引颜色模式中，OpenGL 需要一个颜色表。这个表就相当于画家的调色板：虽然可以调出很多种颜色，但同时存在于调色板上的颜色种数将不会超过调色板的格数。试将颜色表的每一项想象成调色板上的一个格子，它保存了一种颜色。在使用索引颜色模式画图时，说"把第 i 种颜色设置为某色"，其实就相当于将调色板的第 i 格调为某颜色。"需要第 k 种颜色来画图"，那么就用画笔去蘸一下第 k 格调色板。

颜色表的大小是很有限的，一般在 256～4096，且总是 2 的整数次幂。在使用索引颜色方式进行绘图时，总是先设置颜色表，然后选择颜色。

1. 选择颜色

使用 glIndex*系列函数可以在颜色表中选择颜色。其中最常用的是
glIndexi，它的参数是一个整形。

void glIndexi(GLint c);

2. 设置颜色表

OpenGL 并直接没有提供设置颜色表的方法，因此设置颜色表需要使
用操作系统的支持。Windows 和其他大多数图形操作系统都具有这个功能，
但所使用的函数却不相同。GLUT 工具包提供了设置颜色表的函数
glutSetColor。下面演示仅为体验索引颜色的设置，使用了 OpenGL 辅助工
具包 aux。

```
#include <windows.h>
#include <GL/glut.h>
#include <GL/glaux.h>
#pragma comment(lib, "opengl32.lib")
#pragma comment(lib, "glaux.lib")
#include <math.h>

const GLdouble Pi = 3.1415926536;
void myDisplay(void)
{
    int i;
    for(i=0; i<8; ++i)
        auxSetOneColor(i,(float)(i&0x04),(float)(i&0x02),(float)(i&0x01));
    glShadeModel(GL_FLAT);
    glClear(GL_COLOR_BUFFER_BIT);
    glBegin(GL_TRIANGLE_FAN);
    glVertex2f(0.0f, 0.0f);
    for(i=0; i<=8; ++i)
    {
        glIndexi(i);
```

```
        glVertex2f(cos(i*Pi/4),sin(i*Pi/4));
    }
    glEnd();
    glFlush();
}
```

使用 auxSetOneColor 设置颜色表中的一格，循环 8 次来设置 8 格。glShadeModel 设置颜色插值。然后在循环中用 glVertex 设置顶点，同时用 glIndexi 改变顶点代表的颜色。最终得到的效果是 8 个相同形状、不同颜色的三角形。

索引颜色的主要优势是占用空间小（每个像素不必单独保存自己的颜色，只用很少的二进制位就可以代表其颜色在颜色表中的位置），花费系统资源少，图形运算速度快，但它编程稍稍显得不是那么方便，并且画面效果也会比 RGB 颜色差一些。在 ArcView 或 MapGIS 等一些早期版本的地理信息系统软件中，就是通过使用索引颜色来表达色彩的。这是因为肉眼很难区分相近颜色的细节，同时索引颜色可以提高绘制速度。目前，计算机性能已经足够在各种场合下使用 RGB 颜色，在程序开发中，使用索引颜色已经不是主流。当然，一些小型设备如 GBA、手机等还在使用索引颜色。

3. 指定清除屏幕用的颜色

清空屏幕上的颜色用：

```
glClear(GL_COLOR_BUFFER_BIT);    //把屏幕上的颜色清空
```

但实际上什么才叫"空"呢？在宇宙中，黑色代表了"空"；在一张白纸上，白色代表了"空"；在信封上，信封的颜色才是"空"。OpenGL 用下面的函数来定义清除屏幕后屏幕所拥有的颜色。在 RGB 模式下，使用 glClearColor 来指定"空"的颜色，它需要四个参数，其参数的意义跟 glColor4f 相似。在索引颜色模式下，使用 glClearIndex 来指定"空"的颜色所在的索引，它需要一个参数，其意义与 glIndexi 相似。

```
void myDisplay(void)
{
    glClearColor(1.0f, 0.0f, 0.0f, 0.0f);
```

```
    glClear(GL_COLOR_BUFFER_BIT);
    glFlush();
}
```

4. 指定着色模型

OpenGL 允许为同一多边形的不同顶点指定不同的颜色。例如：

```
#include <math.h>
const GLdouble Pi = 3.1415926536;
void myDisplay(void)
{
    int i;
    // glShadeModel(GL_FLAT);
    glClear(GL_COLOR_BUFFER_BIT);
    glBegin(GL_TRIANGLE_FAN);
        glColor3f(1.0f, 1.0f, 1.0f);
        glVertex2f(0.0f, 0.0f);
        for(i=0; i<=8; ++i)
        {
            glColor3f(i&0x04,i&0x02,i&0x01);
            glVertex2f(cos(i*Pi/4),sin(i*Pi/4));
        }
    glEnd();
    glFlush();
}
```

默认情况下，OpenGL 会计算两点顶点之间的其他点，并为它们填上"合适"的颜色，使相邻的点的颜色值都比较接近。如果使用的是 RGB 模式，看起来就具有渐变的效果。如果是使用颜色索引模式，则其相邻点的索引值是接近的，如果将颜色表中接近的项设置成接近的颜色，则看起来也是渐变的效果。但如果颜色表中接近的项颜色却差距很大，则看起来可能显得奇怪。

使用 glShadeModel 函数可以关闭这种计算。如果顶点的颜色不同，则将顶点之间的其他点全部设置为与某一个点相同。线段以指定的顶点的颜色为准，而多边形将以任意顶点的颜色为准，由实现决定。为了避免这个不确定性，尽量在多边形中使用同一种颜色。

glShadeModel 的使用方法：

glShadeModel(GL_SMOOTH);　　　// 平滑方式,为默认方式
glShadeModel(GL_FLAT);　　　　 // 单色方式

思考

（1）为什么要在程序初始化的时候清除屏幕颜色?

（2）测试在行政和地形两种表达方式下颜色选用模式。

1.5　混合、透明和反走样

提示：如果屏幕上显示的线条或文字出现锯齿，可以运用反走样来消除或消减。如果多边形间的过渡太生硬，也可应用混合或透明来制造一种平滑过渡。

OpenGL 的颜色特性还提供了很多功能，如颜色混合与透明、反走样、焦点处理雾效果等。用户可以充分地利用这些功能绘制出更具真实感的图形与场景。

1.5.1　混　合

所谓混合，是指按一定规则将前景色（即当前的绘图色）与背景色（场景中已存在对象的颜色）混合起来，从而得到一种新颜色的过程。

背景色即是已经进入颜色缓冲区中的颜色值，这里称它们为目标颜色，用 Cd 表示。该颜色值包含 3 个或 4 个颜色分量（R、G、B 及 Alpha）。当前绘图色即作为当前渲染命令的结果而进入颜色缓冲区中的颜色值，这里称其为源颜色，用 Cs 表示。该颜色值同样由 3 个或 4 个分量构成。

当混合功能被启动后，源颜色与目标颜色的组合结果是由混合方程来控制的。在缺省情况下，混合方程的一般形式为

$$Ct = (Cs×S) + (Cd×D)$$

式中，C_t 为混合后的颜色值；S 和 D 分别是源混合因子和目标混合因子。

为了使用混合，必须通过调用 glEnable()命令启用混合状态：

glEnable(GL_BLENDING);

混合因子的设置则需要通过调用 glBlendFunc()命令来实现。该命令的原型为：

void glBlendFunc(GLenum sfactor,GLenum dfactor);

其中，参数 sfactor 和 dfactor 分别为源混合因子和目标混合因子。OpenGL 为这两个混合因子预定义了一些枚举值。下面介绍比较常用的几种。

GL_ZERO：使用 0.0 作为因子，实际上相当于不使用这种颜色参与混合运算。

GL_ONE：使用 1.0 作为因子，实际上相当于完全的使用了这种颜色参与混合运算。

GL_SRC_ALPHA：使用源颜色的 alpha 值作为因子。

GL_DST_ALPHA：使用目标颜色的 alpha 值作为因子。

GL_ONE_MINUS_SRC_ALPHA：用 1.0 减去源颜色的 alpha 值后作为因子。

GL_ONE_MINUS_DST_ALPHA：用 1.0 减去目标颜色的 alpha 值后作为因子。

除此以外，还有 GL_SRC_COLOR（把源颜色的 4 个分量分别作为因子的 4 个分量）、GL_ONE_MINUS_SRC_COLOR、GL_DST_COLOR、GL_ONE_MINUS_DST_COLOR 等。

例如，当颜色缓冲区中已存在一种红色，它的 alpha 值为 0(1.0f, 0.0f, 0.0f, 0.0f)，当前绘图色为 alpha = 0.5f 的蓝色(0.0f, 0.0f, 1.0f, 0.5f)。现在用以下参数调用 glBlendFunc()命令：

glBlendFunc(GL_SRC_ALPHA,GL_ONE_MINUS_SRC_ALPHA);

可得

glBlendFunc(GL_SRC_ALPHA,GL_ONE_MINUS_SRC_ALPHA);

Cd = (1.0, 0.0, 0.0, 0.0)

Cs = (0.0, 0.0, 1.0, 0.5)

S = GL_SRC_ALPHA = 0.5

D = GL_ONE_MINUS_SRC_ALPHA = 1 − 0.5 = 0.5

Ct = (Cs * S) + (Cd * D) = (0.0, 0.0, 0.5, 0.25) + (0.5, 0.0, 0.0, 0.0)

= (0.5, 0.0, 0.5, 0.25)

即最终的颜色为 alpha = 0.25f 的暗青色。

```
void myDisplay(void)
{
    GLUquadricObj *obj;              // 定义实用库中的二次曲面指针
    glBlendFunc(GL_ONE_MINUS_DST_COLOR,GL_ONE_MINUS_
            SRC_COLOR);              // 混合函数
    glPushMatrix();
        glTranslatef(0.0, 1.0, 0.0);
        glColor4f(1.0, 0.0, 0.0, 0.5);
        obj = gluNewQuadric();       // 生成二次曲面对象
        gluDisk(obj, 0, 1, 30, 1);   // 绘制一个圆盘
    glPopMatrix();
    glPushMatrix();
        glTranslatef(-0.5, 0.0, 0.0);
        glColor4f(0.0, 1.0, 0.0, 0.5);
        obj = gluNewQuadric();       // 生成二次曲面对象
        gluDisk(obj, 0, 1, 30, 1);   // 绘制另一个圆盘
    glPopMatrix();
    glPushMatrix();
        glTranslatef(0.5, 0.0, 0.0);
        glColor4f(0.0, 0.0, 1.0, 0.5);
        obj = gluNewQuadric();       // 生成二次曲面对象
        gluDisk(obj, 0, 1, 30, 1);   // 绘制第三个圆盘
    glPopMatrix();
    glFlush();
}
```

上面分别使用红、绿和蓝色绘制了 3 个部分重叠的二维圆形，其重叠部分表现出增色系统的颜色混合效果。

这里，混合因子采用了 GL_ONE_MINUS_DSTCOLOR（源）和

GL_ONE_MINUS_SRC_COLOR（目标）。按混合公式可得（以红色与绿色混合为例，其他混合以此类推）

$$Ct = (0,1,0,0.5) \times [(1,1,1,1) - (1,0,0,0.5)] +$$
$$(1,0,0,0.5) \times [(1,1,1,1) - (0,1,0,0.5)]$$
$$= (1,1,0,0.5)$$

即混合后的颜色为 alpha = 0.5 的黄色。

1.5.2　透　明

透明也是通过颜色混合来实现的，在混合时，源的混合因子应取 GL_SRC_ALPHA，而目标的混合因子应取 GL_ONE_MINUS_SRC_ALPHA。

下面的程序演示了透明的显示方法。

```
void myDisplay(void)
{
    // 混合函数
    glBlendFunc(GL_SRC_ALPHA,GL_ONE_MINUS_SRC_ALPHA);
    glShadeModel(GL_SMOOTH);
    glPushMatrix();
        glTranslatef(0.0, 0.0, -3.0);
        glColor4f(1.0, 0.0, 0.0, 1.0);
        glutSolidTorus(1.0, 2.0, 30.0, 30.0);          // 绘制圆环
    glPopMatrix();
    glPushMatrix();
        glTranslatef(1.0, 1.0, 3.0);
        glColor4f(0.0, 1.0, 0.0, 0.4);
        glutSolidSphere(2.0, 30.0, 30.0);              // 绘制球体
    glPopMatrix();
    glFlush();
}
```

上面绘制了两个三维实体对象，一个圆环和一个球体。其中，圆环用红色绘制、球体用绿色绘制。需要注意的是，红色圆环的 alpha 值为 1.0，

是为了防止它与背景色（黑色）产生透明、而使色调显得太暗；而绿色球体的 alpha 值为 0.4，是为了提高透明度。一般而言，绘制透明对象时，alpha 值越小，则其透明度就越高。

应当注意的是，透明效果与三维对象绘制的顺序有着极大的关系，即只有后绘制的对象才可能表现出透明效果。

1.5.3 反走样

显示器所显示的像素点是一个个方形的离散的点，因此，在绘制一条非水平或竖直的线段时，将会产生像锯齿那样的不光滑现象。所谓反走样（Antialiasing，也叫抗锯齿）就是指利用一定方法减轻或消除直线上的锯齿，使直线显得平整光滑。

OpenGL 利用混合来进行反走样，它实际上是在锯齿的凹处填上介于直线颜色与背景颜色之间的一些颜色，从而在视觉上使直线显得比较光滑、平顺。

下面程序演示了 OpenGL 的反走样技术。

```
#define NO    0
#define YES 1
int Drawing;                              // 状态选择变量
void myDisplay(void)
{
  // 混合函数
  glBlendFunc(GL_SRC_ALPHA,GL_ONE_MINUS_SRC_ALPHA);
  glEnable(GL_LINE_SMOOTH);                // 启用直线反走样
  glHint(GL_LINE_SMOOTH_HINT,GL_NICEST);
  if(Drawing == YES)
      glEnable(GL_BLEND);
  else
      glDisable(GL_BLEND);
  glColor4f(0.0, 1.0, 0.0, 1.0);
  glLineWidth(6);
  glBegin(GL_LINE_STRIP);
      glVertex3f(-3.0, -0.5, 0.0);
```

```
        glVertex3f(0.0, 0.5, 0.0);
        glVertex3f(3.0, -0.5, 0.0);
    glEnd();
    glFlush();
}
```

上面程序中，NO 和 YES 可设计成菜单项选择"正常显示"和"反走样"模式，以关闭和启用反走样功能。

程序利用 GL_SRC_ALPHA 和 GL_ONE_MINUS_SRC_ALPHA 参数调用 glBlendFunc()命令，同时利用 glEnable()命令启用直线反走样功能。然后，程序调用 glHint()命令对特定的渲染行为进行控制。该命令的原型为

void glHint(GLenum target,GLenum mode);

两个参数均为预定义的枚举常量，参数 target 的可取值见表 1.5.1。

表 1.5.1　glHint()命令 target 参数的可取值

枚举常量	意　义
GL_FOG_HINT	根据顶点或根据每个像素计算雾
GL_LINE_SMOOTH_HINT	直线采样质量
GL_PERSPECTIVE_CORRECTION_HINT	颜色和纹理贴图质量
GL_POINT_SMOOTH_HINT	点采样质量
GL_POLYGON_SMOOTH_HINT	直线采样质量

mode 参数可取值有 GL_FASTEST、GL_NICEST、GL_DONT_CARE 等，分别表示选择高效率、高质量或无特别需求。若 mode 值为 GL_FASTEST，则 OpenGL 将根据顶点来计算雾；若值为 GL_NICEST，则 OpenGL 将根据每个像素来计算雾。

反走样实质上就是利用混合将直线的边界进行模糊，将锯齿现象减轻而产生光滑的视觉效果。

思考

（1）混合中目标因子和源因子分别指什么？如何运算？

（2）使用不同的透明参数，测试两个图层叠加时的综合图形效果。

2

坐标与动画

2.1 坐标、投影坐标及投影

提示：计算机最终是用二维平面来表示三维的形体的，所以顶点坐标有降维。顶点向量或顶点矩阵与变换矩阵相乘，产生图形变换。所以，保持初始变换位置信息、利用堆栈减小逻辑的复杂性就成了图形变换中最频繁的操作。

前面绘制图形的时候，坐标只能从 −1 到 1，还只能是 x 轴向右，y 轴向上，z 轴垂直屏幕。这些限制给我们的绘图带来了很多不便。

我们生活在一个三维的世界，如果要观察一个物体，可以：

（1）从不同的位置去观察它——视图变换。

（2）移动或者旋转它。当然，如果它只是计算机里面的物体，我们还可以放大或缩小它——模型变换。

（3）如果把物体画下来，可以选择是否需要一种"近大远小"的透视效果。另外，可能只希望看到物体的一部分，而不是全部（剪裁）——投影变换。

（4）还可能希望把整个看到的图形画下来，但它只占据纸张的一部分，而不是全部——视口变换。

这些，都可以在 OpenGL 中实现。

OpenGL 变换实际上是通过矩阵乘法来实现。无论是移动、旋转还是缩放大小，都是通过在当前矩阵的基础上乘以一个新的矩阵来达到目的。OpenGL 可以在最底层直接操作矩阵。

2.1.1 主要的矩阵变换

1. 模型变换和视图变换

从"相对移动"的观点来看，改变观察点的位置与方向和改变物体本身的位置与方向具有等效性。在 OpenGL 中，实现这两种功能甚至使用的是同样的函数。

由于模型和视图的变换都通过矩阵运算来实现，在进行变换前，应先设置当前操作的矩阵为"模型视图矩阵"。设置的方法是以 GL_MODELVIEW

为参数调用 glMatrixMode 函数，像这样：

glMatrixMode（GL_MODELVIEW）；

通常，需要在进行变换前把当前矩阵设置为单位矩阵。这也只需要一行代码：

glLoadIdentity()；

然后，就可以进行模型变换和视图变换了。进行模型和视图变换，主要涉及 3 个函数：

glTranslate*，把当前矩阵和 1 个表示移动物体的矩阵相乘。3 个参数分别表示了在 3 个坐标上的位移值。

glRotate*，把当前矩阵和 1 个表示旋转物体的矩阵相乘。物体将绕着 $(0, 0, 0)$ 到 (x,y,z) 的直线以逆时针旋转，参数 angle 表示旋转的角度。

glScale*，把当前矩阵和一个表示缩放物体的矩阵相乘。x，y，z 分别表示在该方向上的缩放比例。

假设当前矩阵为单位矩阵，然后先乘以一个表示旋转的矩阵 R，再乘以一个表示移动的矩阵 T，最后得到的矩阵再乘上每一个顶点的坐标矩阵 v。所以，经过变换得到的顶点坐标就是 $((RT)v)$。由于矩阵乘法的结合律，$((RT)v) = (R(Tv))$，即实际上是先进行移动，然后进行旋转。所以，实际变换的顺序与代码中写的顺序是相反的。由于"先移动后旋转"和"先旋转后移动"得到的结果很可能不同。

OpenGL 之所以这样设计，是为了得到更高的效率。但在绘制复杂的三维图形时，如果每次都去考虑如何把变换倒过来，非常不方便。这里介绍另一种思路，可以让代码看起来更自然。写出的代码其实完全一样，只是考虑问题时的方法不同。

让我们想象，坐标并不是固定不变的。旋转的时候，坐标系统随着物体旋转。移动的时候，坐标系统随着物体移动。如此一来，就不需要考虑代码的顺序反转的问题了。

2. 投影变换

投影变换就是定义一个可视空间，可视空间以外的物体不会被绘制到屏幕上。因此，坐标可以不再是 – 1.0 到 1.0 了。

OpenGL 支持两种类型的投影变换，即透视投影和正投影。投影也是使用矩阵来实现的。如果需要操作投影矩阵，需要以 GL_PROJECTION 为参数调用 glMatrixMode 函数。

glMatrixMode(GL_PROJECTION);

通常，还是需要在进行变换前把当前矩阵设置为单位矩阵。

glLoadIdentity();

3. 视口变换

当一切工作已经就绪，只需要把像素绘制到屏幕上了。这时候还剩最后一个问题：应该把像素绘制到窗口的哪个区域呢？通常情况下，默认是完整的填充整个窗口，但完全可以只填充一半，即把整个图像填充到一半的窗口内，如图 2.1.1 所示。

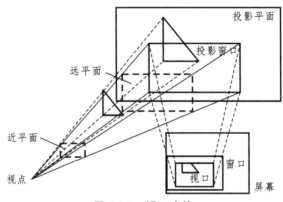

图 2.1.1　视口变换

使用 glViewport 来定义视口。其中，前两个参数定义了视口的左下角（0,0 表示最左下方），后两个参数分别是宽度和高度。

4. 坐标系与变换

1）两种主要的坐标系

OpenGL 和 GLUT 的坐标系之间是有差异的。

通常，用户用对象坐标来描述几何形状，这也是应用程序所使用的坐标。对于二维应用程序，该坐标系中 x 轴的正方向水平向右，y 轴正方向竖直向上。所以，如果将一页纸的左下角设为原点，则该页面中所有点的 x，y 轴坐标均为正值。

大多数窗口系统所使用的坐标系中的 y 轴正方向都是竖直向下的。在这样的坐标系中，如果我们想使 x 和 y 坐标只出现正值，可将坐标系原点设在屏幕的左上角。这种方向的定义是有渊源的，计算机发展过程中，大多数屏幕显示系统在形成过程中都按照从上到下，从左到右的顺序，行数和列数都是从左上角算起的。由于 GLUT 经常与窗口系统进行交互，它所采取的是这种形式的坐标系，所以我们应该将屏幕的左上角视为原点，像素坐标的正方向为向右和向下。

所以，对于二维问题，在 OpenGL 中，x 轴和 y 轴的正方向分别为向右和向上。对于 GLUT 中使用的输入函数和窗口系统，x 轴和 y 轴的正方向分别为向右和向下。

2）两种坐标系的转换

两种坐标系中，第一个坐标系称为对象坐标系或世界坐标系。开发人员在程序中所使用的坐标系正是该坐标系。每个程序员都可自由决定选取何种单位，然后在如 glVerex*()的 OpenGL 函数中指定相应单位的数值。比如，程序员在超大规模集成电路设计中就可以微米为单位，而在天文问题中以光年为单位。第二个坐标系称为窗口坐标系或屏幕坐标系。该坐标系的度量单位为像素。窗口坐标的许可范围由物理显示器的属性以及应用程序所选择的显示器中的区域两方面因素决定。

作为绘制过程的一部分，OpenGL 会自动实现对象到窗口坐标系中的变换。所需要的信息仅仅是屏幕中显示窗口的尺寸以及用户希望显示多大范围的对象空间。前者由 glutInitWindowSize()函数决定（可能会根据与用户的交互而改变），而后者由函数 gluOrtho2D()设定。

OpenGL 中所需的坐标系变换由两个矩阵决定，即模型视图矩阵和投影矩阵，这些矩阵也是 OpenGL 的状态的一部分。函数 gluOrtho2D()用于为二维应用程序指定一个投影矩阵。设置这两种矩阵的典型步骤包括以下 3 步。

（1）指定希望修改的矩阵。

（2）将矩阵设为单位矩阵。

（3）修改当前矩阵为用户所期望的矩阵。

如果想设定一个二维裁剪窗口，使其左下角位于(− 1.0, − 1.0), 其右上角位于(1.0,1.0)（这些是 OpenGL 的默认值），可执行以下函数：

glMatrixMode(GL_PROJECTION);

glLoadIdentity();

gluOrtho2D(-1.0, 1.0, -1.0, 1.0);

所以，图 2.1.1 表明，投影函数（如 gluPerspective()或 gluOrtho2D()）定义了投影窗口的大小比例，而 glViewport()定义了视口大小比例。视口坐标原点在左下角；投影窗口的原点在中心。

2.1.2 操作矩阵堆栈

在进行矩阵操作时，有可能需要先保存某个矩阵，过一段时间再恢复它。当需要保存时，调用 glPushMatrix 函数，它相当于把矩阵放到堆栈上。当需要恢复最近一次的保存时，调用 glPopMatrix 函数，它相当于把矩阵从堆栈上取下。早期 OpenGL 规定，堆栈的容量至少可以容纳 32 个矩阵，某些 OpenGL 实现中，堆栈的容量实际上超过了 32 个。也可以直接使用 C++等程序语言提供的堆栈来操作绘图矩阵，因此不必担心矩阵的容量问题。

通常，用这种先保存后恢复的措施，比先变换再逆变换要更方便，更快速。

模型视图矩阵和投影矩阵都有相应的堆栈。使用 glMatrixMode()来指定当前操作的究竟是模型视图矩阵还是投影矩阵。

2.1.3 综合示例

以绘制一个三维天体场景，包括太阳、地球和月球为例。为了编程方便，假定一年有 12 个月，每个月 30 天，即一年有 360 天；每年，地球绕着太阳转一圈；每月月球围着地球转一圈。

建模时，依据太阳系天体运动的共面性、近圆性，把这三个天体都视作球形，让它们的圆周运动轨迹处于同一水平面，建立以太阳的中心为原点的坐标系。天体轨迹所在的平面表示了 x 轴与 y 轴决定的平面。每年第一天，地球在 x 轴正方向上，月亮在地球的正 x 轴方向。

确立可视空间时，注意太阳的半径要比太阳到地球的距离小得多。如果直接使用天文观测得到的长度比例，则当整个窗口表示地球轨道大小时，太阳的大小将被忽略。因此，适当放大几个天体的半径，以便观察，地球到太阳的距离保持不变情况下适当调整了地球月球间的距离，使三球天体模型在屏幕上看起来比较清楚。

为了让地球和月亮在离我们很近时，仍然不需要变换观察点和观察方向就可以观察它们，把观察点放在(0, − 200 000 000, 0)——因为地球轨道半径为 150 000 000 km，适当偏离取 − 200 000 000。观察目标设置为原点（即太阳中心），选择 z 轴正方向作为"上"方。当然还可以把观察点往"上"方移动一些，得到(0, − 200 000 000, 200 000 000)，这样可以得到从 45°角的俯视效果。

为了得到透视效果，用 gluPerspective 来设置可视空间。假定可视角为60°（高宽比为 1.0。最近可视距离为 1.0，最远可视距离为 200 000 000 × 2=400 000 000，即

gluPerspective(60, 1, 1, 400000000);

太阳在坐标原点，所以不需要经过任何变换，直接绘制就可以了。

地球则要复杂一点，需要变换坐标。由于今年已经经过的天数已知为day，则地球转过的角度为 day/一年的天数 × 360°。前面已经假定每年都是360 天，因此地球转过的角度恰好为 day。所以可以通过下面的代码来解决：

glRotatef(day, 0, 0, -1);

/* 注意地球公转是"自西向东"的，因此是绕着 z 轴负方向进行逆时针旋转 */

glTranslatef(地球轨道半径, 0, 0);

glutSolidSphere(地球半径, 20, 20);

月球运动是最复杂的。因为它不仅要绕地球转，还要随着地球绕太阳转。但如果选择地球作为参考，则月亮进行的运动就是一个简单的圆周运动。如果先绘制地球，再绘制月球，则只需要进行与地球类似的变换：

glRotatef(月亮旋转的角度, 0, 0, -1);

glTranslatef(月亮轨道半径, 0, 0);

glutSolidSphere(月亮半径, 20, 20);

但这个"月球旋转的角度"，并不能简单地理解为 day/一个月的天数30 × 360°。因为在绘制地球时，这个坐标已经是旋转过的。现在的旋转是在以前的基础上进行旋转，因此还需要处理这个"差值"。我们可以写成：day/30 × 360 − day，即减去原来已经转过的角度。这只是一种简单的处理。

当然也可以在绘制地球前用 glPushMatrix 保存矩阵，绘制地球后用

glPopMatrix 恢复矩阵。再设计一个跟地球位置无关的月球位置公式，来绘制月球。通常后一种方法比前一种要好，因为浮点的运算是不精确的，过多的"不精确"会造成错误。

还应注意，OpenGL 把三维坐标中的物体绘制到二维屏幕，绘制的顺序是按照代码的顺序来进行的。因此后绘制的物体会遮住先绘制的物体，即使后绘制的物体在先绘制的物体的"后面"也是如此。使用深度测试可以解决这一问题，方法如下：

（1）以 GL_DEPTH_TEST 为参数调用 glEnable 函数，启动深度测试。

（2）通常在每次绘制画面开始时，清空深度缓冲，即 glClear(GL_DEPTH_BUFFER_BIT)；其中，glClear(GL_COLOR_BUFFER_BIT) 与 glClear(GL_DEPTH_BUFFER_BIT)可以合并写为

glClear(GL_COLOR_BUFFER_BIT | GL_DEPTH_BUFFER_BIT);

且后者的运行速度会比前者快。

下面是代码示例。

```
// 太阳、地球和月亮

// 假设每个月都是 30 天
// 一年 12 个月,共是 360 天
static int day = 200; // day 的变化:从 0 到 359
void myDisplay(void)
{
    glEnable(GL_DEPTH_TEST);
    glClear(GL_COLOR_BUFFER_BIT | GL_DEPTH_BUFFER_BIT);

    glMatrixMode(GL_PROJECTION);
    glLoadIdentity();
    gluPerspective(75, 1, 1, 400000000);
    glMatrixMode(GL_MODELVIEW);
    glLoadIdentity();
    gluLookAt(0, -200000000, 200000000, 0, 0, 0, 0, 0, 1);
```

```
// 绘制红色的"太阳"
glColor3f(1.0f, 0.0f, 0.0f);
glutSolidSphere(69600000, 20, 20);          //放大 100 倍
// 绘制蓝色的"地球"
glColor3f(0.0f, 0.0f, 1.0f);
glRotatef(day/360.0*360.0, 0.0f, 0.0f, -1.0f);
glTranslatef(150000000, 0.0f, 0.0f);
glutSolidSphere(15945000, 20, 20);          //放大 2500 倍
// 绘制黄色的"月亮"
glColor3f(1.0f, 1.0f, 0.0f);
glRotatef(day/30.0*360.0 - day/360.0*360.0, 0.0f, 0.0f, -1.0f);
glTranslatef(38000000, 0.0f, 0.0f);         //放大 100 倍
glutSolidSphere(4345000, 20, 20);           //放大 2500 倍

glFlush();
}
```

试修改 day 的值，看看画面有何变化。

思考

（1）glMatrixMode(); 函数的 GL_PROJECTION 和 GL_MATRIX 有什么意义？

（2）调用 glLoadIdentity()有什么作用？

2.2　二维坐标变换

提示：图形软件中，漫游、缩放和旋转是基本功能之一。OpenGL 其实是用矩阵做变换，所以连续的变换有累积效应。

2.2.1　平面图形基本图形变换

有了模型视图矩阵和投影矩阵，在 OpenGL 中从未加工的顶点数据到

屏幕坐标的过程就包括如下步骤：

（1）将顶点坐标转换为规范化齐次坐标矩阵。

（2）将顶点的规范化齐次坐标矩阵乘以模型视图矩阵，生成变换后的顶点齐次坐标矩阵。

（3）将变换后的顶点齐次坐标矩阵乘以投影矩阵，生成修剪坐标矩阵，这样就有效地排除了视见空间之外的所有数据。

（4）由修剪坐标除以 w 坐标，得到规格化的设备坐标。注意，在变换过程中，模型视图矩阵和投影视图矩阵都有可能改变坐标的 w 值。

（5）坐标三元组被视景区变换影射到一个 2D 平面。这也是一个矩阵变换，但在 OpenGL 中不能直接指定或修改它，系统会根据指定给 glViewport 的值在内部设置它。

实际上，在 OpenGL 中通过一些高级矩阵函数将模型视图矩阵乘以指定的变换矩阵，并将结果矩阵设置成当前的模型视图矩阵。常用的矩阵函数如下。

1. 单位矩阵变换

glLoadIdentity()将当前的用户坐标系的原点移到了屏幕中心，类似于一个复位操作。其中 x 坐标轴是从左至右，y 坐标轴从下至上，z 坐标轴从里至外。

开始绘图时，OpenGL 屏幕中心的坐标值是 x 和 y 轴上的 0.0f 点。所以，屏幕中心左面的坐标值是负值，右面是正值。移向屏幕顶端是正值，移向屏幕底端是负值。移入屏幕深处是负值，移出屏幕则是正值。

2. 平移变换

平移变换函数如下：

void glTranslatef(GLfloat x,GLfloat y,GLfloat z);

3 个参数就是目标分别沿 3 个轴的正向平移的偏移量。这个函数用这 3 个偏移量生成的矩阵完成乘法。当参数是(0.0,0.0,0.0)时，生成的矩阵是单位矩阵，此时对物体没有影响。

注意在 glTranslatef(x,y,z)中的，移动并不是相对屏幕中心移动的，而是相对于当前所在的屏幕位置。其作用就是将绘点坐标的原点在当前原点

的基础上平移一个 (x,y,z) 向量。

3. 旋转变换

旋转变换函数如下：

void glRotatef(GLfloat angle,GLfloat x,GLfloat y,GLfloat z);

函数中第 1 个参数是表示目标沿从原点到指定点 (x,y,z) 的方向矢量逆时针旋转的角度，后 3 个参数则是指定旋转方向矢量的坐标。这个函数表示用这 4 个参数生成的矩阵完成乘法。当角度参数是 0.0 时，表示对物体没有影响。

与 glTranslatef(x,y,z) 类似， glRotatef$(angle,x,y,z)$ 也是对坐标系进行操作。旋转轴经过原点，方向为 (x,y,z)，旋转角度为 angle，方向满足右手定则。例如，绕 z 轴正向旋转 45°，因为 z 轴正方向由屏幕内指向屏幕外，由右手定则可知方向为逆时针转动。

4. 缩放变换

缩放变换函数如下：

void glScalef(GLfloat x,GLfloat y,GLfloat z);

3 个参数值就是目标分别沿 3 个轴向缩放的比例因子。这个函数用这 3 个比例因子生成的矩阵完成乘法。这个函数能完成沿相应的轴对目标进行拉伸、压缩和反射 3 项功能。当参数是 (1.0,1.0,1.0) 时，对物体没有影响。当其中某个参数为负值时，表示将对目标进行相应轴的反射变换，且这个参数不为 1.0，则还要进行相应轴的缩放变换。最好不要令 3 个参数值都为零，这将导致目标沿 3 轴都缩为零。

2.2.2　变换的累积

通过上述的高级矩阵函数，可以很方便地实现变换。但在调用函数时，修改的是当前的模型视图矩阵，新的矩阵随后将成为当前的模型视图矩阵并影响此后绘制的图形。这样模型视图矩阵函数在调用时，就会有造成效果的积累。例如下面代码：

```
glTranslatef(10.0f, 0.0f, 0.0f);          // 沿 x 轴正向移动 10 个单位
glutSolidSphere(1.0f, 15, 15);
```

```
glTranslatef(0.0f, 10.0f, 0.0f);          // 沿 y 轴正向移动 10 个单位
glutSolidSphere(1.0f);
```

这段代码绘制了两个球，第一个绘制的球的球心沿 x 轴正向移动了 10 个单位，而第二个球不仅沿 y 轴正向移动 10 个单位，也沿 x 轴正向移动 10 个单位。这就是效果积累。如果想要第二个球只沿 y 轴正向移动 10 个单位，一种简单的方法是把模型矩阵复位，即通过给模型视图矩阵加载上单位矩阵来复位原点。下面的代码把单位矩阵加载到模型视图矩阵中：

```
glMatrixMode(GL_MODELVIEW);
glLoadIdentity();
```

第一个函数用于指定当前操作的矩阵，其函数原型如下：

```
glMatrixMode(GLenum mode);
```

其中参数"mode"用于确定将哪个矩阵堆栈用于矩阵操作，它的取值有：GL_MODELVIEW（模型视图矩阵堆栈），GL_PROJECTION（投影矩阵堆栈）和 GL_TEXTURE（纹理矩阵堆栈）。一旦设置了当前操作矩阵，它就将保持为活动的矩阵，直到修改它为止。第二个函数作用就是给当前操作矩阵加载上单位矩阵。

2.2.3　综合示例

下面以平移变换为例，用一个封装的绘图函数说明变换的累积效应。

```
void myDisplay(void)
{
    glClear(GL_COLOR_BUFFER_BIT | GL_DEPTH_BUFFER_BIT);
    glEnable(GL_DEPTH_TEST);              // 启用深度检测

    glMatrixMode(GL_MODELVIEW);           // 设置活动矩阵
    glLoadIdentity();                     // 加载单位矩阵

    glColor3f(1.0, 0.0, 0.0);
    glutSolidSphere(10.0, 20, 20);        // 在坐标原点绘制一个红色球体
    glTranslatef(0.0, 50.0, 0.0);         // 将坐标原点向上平移 50 个单位
```

```
glColor3f(0.0, 1.0, 0.0);
glutSolidSphere(10.0, 20, 20);      // 在新原点绘制一个绿色球体

glLoadIdentity();    // 恢复原坐标系。可在这里用注释方式做测试

glTranslatef(50.0, 0.0, 0.0);    // 将坐标原点向右平移 50 个单位
glColor3f(0.0, 0.0, 1.0);
glutSolidSphere(10.0, 20, 20);      // 在新原点绘制一个蓝色球体

glutSwapBuffers();                  // 刷新缓冲区
}
```

平移变换是一种比较常用的几何变换。这是由于在建模时，通常以坐标原点为参考点，并利用绝对坐标来描述一个二维或三维对象。对于这样的模型，利用绝对坐标将它们放置在场景中才是最为方便的。若场景中存在多个对象，为了防止对象重叠，就要求程序将坐标原点平移到适当的位置后再放置对象。实际上，GLUT 中所提供的所有三维几何对象均是以坐标原点为对象中心的。

上面程序中，使用的是正交投影。为了便于用户观察程序的输出效果，将缺省视点置于当前坐标系的坐标原点上，且坐标系中 z 轴正方向垂直指向用户，即当前坐标系中 xOy 平面与显示屏幕平行。将该坐标面设置为与显示屏幕平行，用户所看到的画面将不会发生任何变形。

在输出的 3 个球体中，红色球位于初始坐标系的原点，绿色球位于初始坐标系了轴向上 50 个坐标单位处，蓝色球位于初始坐标系 x 轴向右 50 个坐标单位处，即它们的球心均位于 xOy 平面上。

在绘制完绿色球体后，为了在轴上绘制第三个蓝色球体，必须首先将当前坐标系恢复到初始坐标系，然后再平移到指定位置。为此，最直接方法就是将当前坐标系向下平移 50 个坐标单位，然后再向右平移 50 个坐标单位。而 OpenGL 提供了一个非常简单的恢复初始坐标系的方法，那就是调用 glLoadIdentity()命令。这是一个无参的无值函数，其功能是用一个 4×4 的单位矩阵来替换当前矩阵。这就是说，无论以前进行了多少次矩阵变换，在该命令执行后，当前矩阵均会恢复成一个单位矩阵，即相当于没有进行任何矩阵变换态，这就是为什么在用过 glMatrixMode()命令后，总

是要调用该命令的原因。由于 glMatrixMode()命令本身也是一种矩阵变换，它将当前矩阵转变成命令参数所规定的形式，若不用单位矩阵来替换它，在此矩阵下绘制出的图形将是难以预计的。

用一个单位矩阵来替换当前矩阵的做法并非在任何场合下都可以使用。例如，已经进行了 3 次矩阵变换，而现在打算将当前矩阵恢复到第二次变换后的状态下进行绘图，此时，该方法将失效。因此，该方法在实际中并不常用。而比较常用的方法是，若需要临时进行一种矩阵变换，则应当在进行矩阵变换前，利用 glPushMatrix()命令将当前状态压入矩阵堆栈，在进行完新矩阵中的各种操作后，再利用 glPopMatrix()命令将栈顶的矩阵弹出矩阵堆栈，成为当前矩阵。

上例中，加载一个单位矩阵后，当前矩阵就恢复到其初始矩阵状态，当前坐标系也就恢复到了初始坐标系。这时，先利用平移变换将当前坐标系的原点平移到初始坐标系右侧 50 个坐标单位处，然后再绘制蓝色球体。若注释掉 myDisplay()函数中的提示的 gLoadldentity()命令，程序的输出结果会发生坐标累积的后的绘图变化。

思考

（1）在变换操作中，如何理解 OpenGL 是状态机？

（2）用一个工程，综合实现图形的漫游、缩放和旋转。

2.3　三维坐标

提示：二维图形通常用正射投影来表达，三维图形用透视方法与视觉效果一致。从渲染管线角度，能更清晰地理解 OpenGL 的视景体、屏幕和视点之间的关系。

2.3.1　三维空间点的屏幕坐标

三维空间模型的表达，最终需要将三维空间或它的一部分展示在二维显示器上。为了达成这个目标，需要找到一个有利点。正如我们在现实世界通过眼睛从一点观察一样，也必须找到一点并确立观察方向作为观察虚拟世界的窗口。这个点叫作"视图"或"视觉"空间，或"合成相机"。

用投影的方法可以说明三维坐标到二维的坐标变换。

假定投影中心在 z 轴上（$z = -d$ 处），投影面在面 xOy 上，与 z 轴垂直，可以推出空间一点 $P(x,y,z)$ 的透视投影 $P'(x',y',z')$ 点的坐标，即空间中的一点在屏幕上的位置。z 轴负方向的点 $C(0,0,-d)$ 是投影中心，其中 d 是透视点距离，如图 2.3.1 所示。

$\triangle ABC$ 和 $\triangle A'OC$ 是相似三角形，因此存在下列关系：

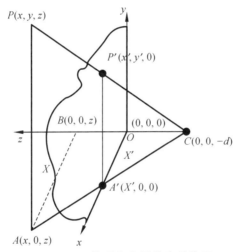

图 2.3.1　三维顶点在屏幕上的位置

$$\frac{x'}{x} = \frac{y'}{y} = \frac{d}{d+z}$$

（2.3.1）

$$x' = \frac{x}{1+z/d}, \quad y' = \frac{y}{1+z/d}, \quad z' = 0$$

因此，

（1）三维空间点 (x,y,z) 在二维屏幕上的坐标是 $(x',y',0)$。

（2）透视坐标与 z 值成反比，即 z 值越大，透视坐标值越小。

（3）d 的取值不同，可以对形成的透视图有放大和缩小的功能。当值较大时，形成的透视图变大；反之缩小。

（4）若投影中心在无穷远处，则 $1/d$ 趋近于 0，上式变为平行投影。

2.3.2 投影的分类

每个顶点都将经过由当前模型-视图矩阵和投影矩阵（这两个矩阵是 OpenGL 状态的一部分）定义的两种变换。一开始，这两个矩阵都被设置为 4×4 的单位矩阵。

虽然这些矩阵是由相同的 OpenGL 函数进行设置的，实际上二者的用途截然不同。模型-视图矩阵用于相对于摄像机为物体定位，而投影矩阵指定了投影及裁剪体，并将顶点映射至一个归一化的坐标系中。

变换矩阵中的$[p,q,r]$[见式（2.3.2）]能产生透视变换的效果。轴测投影图是用平行投影法形成的，视点在无穷远处；而透视投影图是用中心投影法形成的，视点在有限远处。

$$T_{3D} = \begin{bmatrix} a & b & c & p \\ d & e & f & q \\ g & h & i & r \\ l & m & n & s \end{bmatrix} = \left[\begin{array}{ccc|c} a & b & c & p \\ d & e & f & q \\ g & h & i & r \\ \hline l & m & n & s \end{array} \right] \tag{2.3.2}$$

有两种基本的投影——平行投影和透视投影（见图 2.3.2）。它们分别用于解决基本的、彼此独立的图形表示问题。平行投影表示真实大小和形状的物体，透视投影表示真实看到的物体，透视投影比轴测图更富有立体感和真实感。

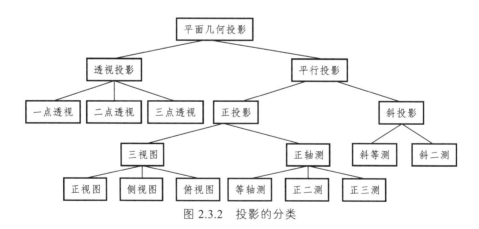

图 2.3.2 投影的分类

2.3.3 透视投影矩阵

透视投影（Perspective Projection）是为了获得接近真实三维物体的视觉效果而在二维的纸或者画布平面上绘图或者渲染的一种方法，能逼真地反映形体的空间形象，也称为透视图。透视投影是三维渲染的基本概念，也是配合三维程序设计的基础。

透视投影所产生的结果类似于照片，有近大远小的效果，如在火车头内向前照一个铁轨的照片，两条铁轨似乎在远处相交了。三维空间中有的平行线用透视法画出来就不再平行。

可以通过使用变换矩阵将平行线变为恰当的不平行线来实现这个效果。这个矩阵叫作透视矩阵或者透视变换，通过定义 4 个参数来进行视景体（view volume）的构建。其中 4 个参数是纵横比、视场、投影平面或近剪裁平面、远剪裁平面。

只有在远近剪裁平面间的物体才会被渲染。 近剪裁平面同时也是物体所投影到的平面，通常放在离眼睛或相机较近的位置，如图 2.3.3 左侧所示）。视场是可视空间的纵向角度。纵横比是远近剪裁平面的宽度比高度。通过这些元素所形成的形状叫作视锥（frustum，视景体），如图 2.3.3 所示。

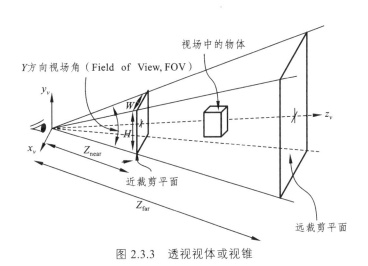

图 2.3.3　透视视体或视锥

透视矩阵用于将 3D 空间中的点变换至近剪裁平面上合适的位置，它的构建需要先计算 r、a、e、i 的值，之后用这些值来构建透视矩阵，如下所示。

$$e = \frac{1}{\tan(fieldOfView / 2)}$$

$$a = \frac{e}{aspectRatio}$$

$$i = \frac{Z_{near} + Z_{far}}{Z_{near} - Z_{far}} \tag{2.3.3}$$

$$r = \frac{2 * (Z_{near} * Z_{far})}{Z_{near} - Z_{far}}$$

$$\begin{bmatrix} a & 0 & 0 & 0 \\ 0 & e & 0 & 0 \\ 0 & 0 & i & r \\ 0 & 0 & -1 & 0 \end{bmatrix}$$

式中，r，a，e，i 在变换矩阵中的位置见式（2.3.2）；aspectRatio 为图 2.3.3 中 W 和 H 之比。

2.3.4 正射投影矩阵

正射投影中，平行线仍然是平行的，即不使用透视，如图 2.3.4 所示。正射与透视相反，在视体中的物体不因其距相机距离做任何调整，而直接进行投影。

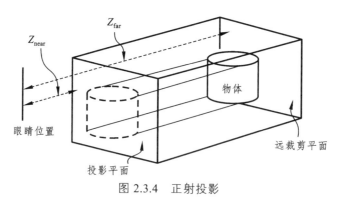

图 2.3.4　正射投影

正射投影是一种平行投影，其中所有的投影都与投影平面垂直。但并非所有平行投影都是正射投影。

平行投影与我们眼睛所见到的真实世界不同，但是它们在很多情况下都有其用处，比如投射阴影、进行 3D 剪裁以及 CAD（计算机辅助设计）中。用在 CAD 中是因为无论物体如何摆放，其尺寸都不变。

2.3.5　LookAt 矩阵

当把视点放在某处并看向一个特定的位置时，就需要用到 LookAt 矩阵。当然，用我们已经学到的方法也可以做到，但是这个操作非常频繁，因此为它专门构建一个矩阵通常比较有用。

LookAt 变换依然由视点旋转决定。通过指定大致旋转朝向的向量（如世界 y 轴）。通常，可以通过一系列叉积获得相机旋转的正面、侧面以及上面，从眼睛、目标位置以及初始向上向量 y 来构建 LookAt 矩阵。

因此，如果要改变观察点的位置，除了配合使用 glRotate*和 glTranslate*函数以外，还可以使用 gluLookAt()函数。它的参数比较多，前 3 个参数表示了观察点的位置，中间 3 个参数表示了观察目标的位置，最后 3 个参数代表从(0, 0, 0)到(x,y,z)的直线（它表示了观察者认为的"上"方向）。

思考
（1）一个三维顶点如何表示在计算机屏幕上？
（2）为什么一个正方体会在透视投影中呈现近大远小的效果？
（3）正射投影中，如何确定图形在视口中的合理尺寸？比如，在 400×400 的视口中，一个边长为 5 的正方体，显示为多大？在 400×600 的视口中呢？以及在 600×600 的视口中呢？
（4）构造一个工程，通过 gluLookAt()参数变化，实现模型的环绕观察效果。

2.4　动　画

提示：动画是图片随时间流逝的效应。无论调用空闲函数或时钟函数来绘制动画图形，输出结果应该保持流畅，使用双缓冲技术才是实现平滑效果的关键。

2.4.1 帧缓存

屏幕上所绘的图形都是由像素组成的，每个像素都有一个固定的颜色或带有相应点的其他信息，如深度等。因此在绘制图形时，内存中必须为每个像素均匀地保存数据，这块为所有像素保存数据的内存区就叫缓冲区，又叫作缓存（buffer）。不同的缓存可能包含每个像素的不等数位的数据，但在给定的一个缓存中，每个像素都被赋予相同数位的数据。存储一位像素信息的缓存叫作位面（bitplane）。系统中所有的缓存统称为帧缓存（Framebuffer），可以利用这些不同的缓存进行颜色设置、隐藏面消除、场景反走样和模板等操作。

1. 帧缓存组成

OpenGL 帧缓存由以下 4 种缓存组成：

（1）颜色缓存（Color Buffer）。颜色缓存通常指的是图形要画入的缓存，其中内容可以是颜色索引，也可以是 RGB 颜色数据（包含 Alpha 值也可）。若 OpenGL 系统支持立体视图，则有左右两个缓存；若不支持立体视图，则只有左缓存。同样，双缓存 OpenGL 系统有前台和后台两个缓存，而单缓存系统只有前台缓存。每个 OpenGL 系统都必须提供一个左前颜色缓存。

（2）深度缓存（Depth Buffer）。深度缓存保存每个像素的深度值。深度通常用视点到物体的距离来度量，这样带有较大深度值的像素就会被带有较小深度值的像素替代，即远处的物体被近处的物体遮挡住了。深度缓存也称为 z-buffer，因为在实际应用中，x、y 常度量屏幕上水平与垂直距离，而 z 常被用来度量眼睛到屏幕的垂直距离。

（3）模板缓存（Stencil Buffer）。模板缓存可以保持屏幕上某些部位的图形不变，而其他部位仍然可以进行图形绘制。比如，可以通过模板缓存来绘制透过汽车挡风玻璃观看车外景物的画面。首先，将挡风玻璃的形状存储到模板缓存中去，然后再绘制整个场景。这样，模板缓存挡住了通过挡风玻璃看不见的任何东西，而车内的仪表及其他物品只需绘制一次。因此，随着汽车的移动，只有外面的场景在不断地更改。

（4）累积缓存（Accumulation Buffer）。累积缓存同颜色缓存一样也保存颜色数据，但它只保存 RGBA 颜色数据，而不能保存颜色索引数据（因为在颜色表方式下使用累积缓存其结果不确定）。这个缓存一般用于累积一系列图像，从而形成最后的合成图像。利用这种方法，可以进行场景反走样操作。

2. 缓存清除

在许多图形程序中，清屏或清除任何一个缓存，一般来说操作开销都很大。例如，在一个 1280×1024 的屏幕上，它要求对成千上万个像素进行操作。通常，对于一个简单的绘图程序，清除操作可能要比绘图所花费的时间多得多。如果不仅仅只清除颜色缓存，而还要清除深度和模板等缓存的话，则将花费三四倍的时间开销。因此，为了解决这个问题，许多机器都用硬件来实现清屏或清除缓存操作。OpenGL 清除缓存操作过程是：先给出要写入每个缓存的清除值，然后用单个函数命令执行操作，传入所有要清除的缓存表，若硬件能同时清除，则这些清除操作可以同时进行；否则，各项操作依次进行。

下面这个函数为每个缓存设置清除值：

void glClearColor(GLclampf red,GLclampf green,GLclampf blue, GLclampf alpha);

void glClearIndex(GLfloat index);

void glClearDepth(GLclampd depth);

void glClearStencil(GLint s);

void glClearAccum(GLfloat red,GLfloat green,GLfloat blue,GLfloat alpha);

以上函数分别为 RGBA 方式下的颜色缓存、颜色表方式下的颜色缓存、深度缓存、模板缓存和累积缓存说明当前的清除值。GLclampf 和 GLclampd（约简的 GLfloat 和 GLdouble）类型的数据被约简到[0.0,1.0]之间，缺省的深度清除值为 0.0。用清除函数命令设置的清除值一直保持有效，直到它们被更改为止。

选择了要清除的缓存及其清除值后，就可以调用 glClear()来完成清除的操作了。这个清除函数为：

void glClear(Glbitfield mask);

清除指定的缓存。参数 mask 可以是下面这些位逻辑的或。

GL_COLOR_BUFFER_BIT

GL_DEPTH_BUFFER_BIT

GL_STENCIL_BUFFER_BIT

GL_ACCUM_BUFFER_BIT

这些位逻辑确定所要清除的缓存。注意，GL_COLOR_BUFFER_BIT 清除 RGBA 方式颜色缓存还是清除颜色表方式颜色缓存，要依赖当前系统设置的颜色方式。当清除颜色缓存后，所有启动写操作的颜色缓存都被清除。

2.4.2 双缓冲技术

利用眼睛视觉残留效应，按一定速度将系列静止的图片依次呈现出来，就成为电影或动画。快速地把看似连续的画面一幅幅地呈现在人们面前，一旦每秒钟呈现的画面超过 24 幅，人们就会错以为它是连续的。

通常电视每秒播放 25 或 30 幅画面。但对于计算机来说，它可以播放更多的画面，以达到更平滑的效果。如果速度过慢，画面不够平滑。如果速度过快，则人眼未必能反应过来。对于一个正常人来说，每秒 60~120 幅图画是比较合适的。具体的数值因人而异。

假设某动画一共有 n 幅画面，则它的工作步骤就是：显示第 1 幅画面，然后等待一小段时间，直到下一个 1/24 s；依次类推至显示第 n 幅画面，然后等待一小段时间，直到下一个 1/24 s，然后结束。如果用 C 语言伪代码来描述这一过程，就是：

```
for(i=0; i<n; ++i)
{
    DrawScene(i);
    Wait();
}
```

在计算机上的动画与实际的动画有些不同：实际的动画都是先画好了，播放的时候直接拿出来显示就行。计算机动画则是画一张，就拿出来一张，再画下一张，再拿出来。如果所需要绘制的图形很简单，那么这样也没什么问题。但一旦图形比较复杂，绘制需要的时间较长，问题就会变得突出。

可以把计算机想象成一个画图比较快的人，假如他直接在屏幕上画图，而图形比较复杂，则有可能在他只画了某幅图的一半的时候就被观众看到。而后面虽然他把画补全了，但观众的眼睛却又没有反应过来，还停留在原来那个残缺的画面上。这样就造成了屏幕的闪烁。

双缓冲技术能够解决这一问题吗？在存储器（很有可能是显存）中开辟两块区域，一块作为发送到显示器的数据，一块作为绘画的区域，在适当的时候交换它们。由于交换两块内存区域实际上只需要交换两个指针，这一方法效率非常高，所以被广泛采用。

要启动双缓冲功能，最简单的办法就是使用 GLUT 工具包。

glutInitDisplayMode(GLUT_RGB | GLUT_SINGLE);

其中，GLUT_SINGLE 表示单缓冲，如果改成 GLUT_DOUBLE 就是双缓冲了。

当然还有需要更改的地方——每次绘制完成时，我们需要交换两个缓冲区，把绘制好的信息用于屏幕显示（否则无论怎么绘制，还是什么都看不到）。如果使用 GLUT 工具包，也可以很轻松的完成这一工作，只要在绘制完成时简单地调用 glutSwapBuffers() 就可以了。

2.4.3 实现连续动画

如果想让绘制的图形运动起来，一种简单方法是使用 GLUT 库自带的空闲回调函数。该空闲回调函数由函数 glutIdleFunc() 来指定，空闲回调函数标识了这样一个函数：当事件队列中没有事件需要处理时（即事件队列为空时），它才有机会得到执行。

void glutIdelFunc(void(* f)(void));

在事件队列为空时，执行 f() 函数。比如在一个绘图程序的 main() 主函数中增加一条语句

glutIdelFunc(myidle);

并定义下面这样的 myidle() 函数：

```
void myidle()
{
  glutPostRedisplay();
}
```

glutPostRedisplay() 是无参的无值函数，该函数被调用时将导致窗口被重新显示。实际上它发出了一个窗口重显事件。在 GLUT 将遍历整个事件循环时，必然会检索到许多要求窗口重绘的事件。如果每次都去直接调用显示回调函数，窗口必然会被多次绘制。而使用 glutPostRedisplay() 之后，

就使得在遍历消息队列的整个过程中，只对窗口重绘一次。一般说来，在屏幕需要重绘时使用 glutPostRedisplay()而非直接调用显示回调函数是非常明智的。

到现在，我们已经可以初步开始制作动画了。继续沿用前面"太阳、地球和月球"的程序的设计，让地球和月球动起来。

```
#include <GL/glut.h>

static int day = 200; // day 的变化:从 0 到 359
void myDisplay(void)
{
    /********************************************
    这里的内容照搬 2.1 节的,只因为使用了双缓冲,补上最后这句
    ********************************************/
    glutSwapBuffers();
}

void myIdle(void)
{
    // 新的函数,在空闲时调用,作用是把日期往后移动一天并重新绘制,
达到动画效果
    ++day;
    if( day >= 360 )
        day = 0;
    myDisplay();
}

int main(int argc, char *argv[])
{
    glutInit(&argc, argv);
    glutInitDisplayMode(GLUT_RGB | GLUT_DOUBLE); // 修改了参数
为 GLUT_DOUBLE
```

```
glutInitWindowPosition(100, 100);
glutInitWindowSize(400, 400);
glutCreateWindow("太阳,地球和月球");      // 改了窗口标题
glutDisplayFunc(&myDisplay);
glutIdleFunc(&myIdle);                   // 新加入了这句
glutMainLoop();
return 0;
}
```

2.4.4　用时钟函数实现动画

动画和时钟控制紧密相连。下面程序演示了用一个时钟处理函数 void OnTimer(int value); 来让一个立方体旋转。该函数无值，但带有一个参数 value。该参数将由系统自动传递给函数，类似 Windows 程序中的时钟 ID，当系统中设置了多个时钟时，不同的时钟 value 将被赋予不同的值。

```
void myDisplay(void)
{
    glClear(GL_COLOR_BUFFER_BIT | GL_DEPTH_BUFFER_BIT);
    glEnable(GL_DEPTH_TEST);
    glMatrixMode(GL_MODELVIEW);
    glLoadIdentity();
    glRotatef(30.0, 1.0, 1.0, 0.0);
    glRotatef(15.0, 0.0, 1.0, 0.0);
    glColor3f(1.0, 0.0, 0.0);
    glBegin(GL_LINES);
        glVertex3f(-50.0, -50.0, -50.0);
        glVertex3f(50.0, 50.0, 50.0);
    glEnd();
    glPushMatrix();
        glRotatef(angle, 1.0, 1.0, 1.0);
        glColor3f(0.0, 1.0, 0.0);
        glutSolidCube(50.0);
```

```
    glPopMatrix();
    glutSwapBuffers();
}

void OnTimer(int value)
{
    angle += 10;
    glutPostRedisplay();
    glutTimerFunc(100,OnTimer, 1);
}
```

在函数 OnTimer()中,将角度 angle 增加 10,然后调用 glutPostRedisplay() 命令刷新显示。这样,程序就可以以新的角度进行旋转变换并绘制正方体。

时钟函数是一个回调函数,必须利用命令 glutTimerFunc()将它向系统进行注册。该命令的原型为

void glutTimerFunc(GLuint msecs,void(*func)(Glint value),value);

其中,参数 msecs 为预设的以毫秒计的时钟延时量;参数 func 为指向回调函数的指针;参数 value 为传给时钟回调函数的值。该命令将 func 所指的函数注册成时钟回调函数。时钟回调函数一经注册,每当系统时钟达到加 msecs 所给定的延时量后,该回调函数将被调用。

一旦回调函数被调用,系统延时将立即终止。因此,为了使延时可以继续下去,有必要在回调函数中调用 glutTimerFune()命令再次注册时钟回调函数。根据需要,有条件地在回调函数中进行注册,就可以根据具体情况终止或改变计时功能。需要注意的是,第一次注册时钟回调函数时,须在程序中必然会执行到的地方进行,例如在 main()函数中添加进去。

思考

(1)动画效果可能通过哪两种函数调用来实现?

(2)实际中,可能因场景数据渲染量过大出现图像卡顿或显示不完整的情况,如何解决?

3

几何造型与交互

3.1 显示列表

提示：列表是常用数据或处理的一种封装，能让程序更简洁、高效。但列表内的操作也有一些限制。

有些时候，OpenGL 频繁调用库函数绘图可能导致一些问题。比如某个画面中，使用了数千个多边形来表现一个比较真实的人物，OpenGL 为了产生这数千个多边形，就需要不停地调用 glVertex*函数。如果采用三角形作为基础多边形，每一个多边形将至少调用三次。那么，绘制一个比较真实的人物就需要调用 glVertex*()函数超过上万次。并且，如果需要每秒钟绘制60幅画面，则每秒调用的glVertex*()函数次数可能会超过数十万次，乃至近百万次。这样频繁重复地调用并不利于提升效率。

同时，考虑绘制一个圆环，按常规方法，可使用这样一段代码：

```
const int segments = 100;
const GLfloat pi = 3.14f;
int i;
glLineWidth(10.0);
glBegin(GL_LINE_LOOP);
for(i=0; i<segments; ++i)
{
    GLfloat tmp = 2 * pi * i / segments;
    glVertex2f(cos(tmp),sin(tmp));
}
glEnd();
```

如果每次绘制圆环时调用这段代码，当然可以达到绘制目的，但其中 cos()、sin()等开销较大的函数被多次调用，浪费了 CPU 资源。如果每一个顶点不是通过 cos()、sin()等函数得到，而是使用更复杂的运算方式来得到，资源开销将更加严重。

上述两个问题的共同点，是程序多次执行了重复的工作，导致 CPU 资源浪费和运行速度的下降。在 OpenGL 中，使用显示列表可以较好地解决这个问题。

程序设计中，可能要求计算机做一些重复的工作，一般是把这些重复的工作编写为函数，在需要的地方调用。同理，使用 OpenGL 过程中，遇到重复的工作，可以创建一个显示列表，把重复的工作放在列表里面，并在需要的地方调用这个显示列表。图元被发送到绘图流水线后将立即显示，称为立即模式（Immediate Mode），优点是无额外内存消耗。图元被放置于显示列表中，显示列表能够以不同的状态被重复利用来显示，能够在 OpenGL 图形上下文中共享，称为保留模式（Retained Mode）。

使用显示列表一般有 4 个步骤：分配显示列表编号、创建显示列表、调用显示列表、销毁显示列表。

3.1.1　分配显示列表编号

OpenGL 允许多个显示列表同时存在，就好像 C 语言允许程序中有多个函数同时存在。C 语言中，不同的函数用不同的名字来区分，而在 OpenGL 中，不同的显示列表用不同的正整数来区分。

当然可以自行指定一些各不相同的正整数来表示不同的显示列表。但假如不够细心，可能出现一个显示列表将另一个显示列表覆盖的情况。为了避免这一问题，可使用 glGenLists() 函数来自动分配一个没有使用的显示列表编号。

glGenLists() 函数有一个参数 "i"，表示要分配 "i" 个连续的未使用的显示列表编号。返回的是分配的若干连续编号中最小的一个。例如，glGenLists(3)；如果返回 20，则表示分配了 20、21、22 这三个连续的编号。如果函数返回零，表示分配失败。

可以使用 glIsList 函数判断一个编号是否已经被用作显示列表。

3.1.2　创建显示列表及其限制

创建显示列表是把 OpenGL 函数的调用装入到显示列表中，使用 glNewList() 开始装入，使用 glEndList() 结束装入。

glNewList() 有两个参数，第一个参数是一个正整数表示装入到哪个显示列表。第二个参数有两种取值，如果为 GL_COMPILE，则表示以下的内容只是装入显示列表，但现在不执行它们；如果为 GL_COMPILE_AND_EXECUTE，表示在装入的同时，把装入的内容执行一遍。

例如，需要把"设置颜色为红色，并且指定一个坐标为（0，0）的顶点"这两条命令装入到编号为 list 的显示列表中，并且在装入的时候不执行，则可以用下面的代码：

```
glNewList(list,GL_COMPILE);
    glColor3f(1.0f, 0.0f, 0.0f);
    glVertex2f(0.0f, 0.0f);
glEndList();
```

注意显示列表只能装入 OpenGL 函数，而不能装入其他内容。例如：

```
int i = 3;
glNewList(list,GL_COMPILE);
if(i > 20 )
    glColor3f(1.0f, 0.0f, 0.0f);
glVertex2f(0.0f, 0.0f);
glEndList();
```

其中 if 这个判断就没有被装入显示列表。以后即使修改 i 的值，使 $i > 20$ 条件成立，glColor3f()这个函数也不会被执行，因为它根本就不存在于显示列表中。

另外，并非所有的 OpenGL 函数都可以装入显示列表中。例如，各种用于查询的函数，它们无法被装入显示列表，因为它们都具有返回值，而 glCallList()和 glCallLists()函数都不知道如何处理这些返回值。在网络方式下，设置客户端状态的函数也无法被装入显示列表。分配、创建、删除显示列表的动作也无法被装入另一个显示列表，但调用显示列表的动作则可以被装入另一个显示列表。

3.1.3　调用显示列表

使用 glCallList()函数可以调用一个显示列表。该函数有一个参数，表示要调用的显示列表的编号。例如，要调用编号为 10 的显示列表，使用"glCallList(10);"即可。

glCallLists()函数可以调用显示列表系列。该函数有 3 个参数，第 1 个参数表示了要调用多少个显示列表；第 2 个参数表示了这些显示列表的编号的储存格式，可以是 GL_BYTE（每个编号用一个 GLbyte 表示），GL_UNSIGNED_BYTE（每个编号用一个 GLubyte 表示），GL_SHORT，

GL_UNSIGNED_SHORT，GL_INT，GL_UNSIGNED_INT，GL_FLOAT；
第 3 个参数表示了这些显示列表的编号所在的位置。在使用该函数前，可
用 glListBase()函数来设置一个偏移量。假设偏移量为 k，且 glCallLists()
中要求调用的显示列表编号依次为 11，12，13，…则实际调用的显示列表
为 11+k，12+k，13+k，…例如：

GLuint lists[] = {1, 3, 4, 8}；

glListBase(10)；

glCallLists(4,GL_UNSIGNED_INT,lists)；

则实际上调用的是编号为 11，13，14，18 的 4 个显示列表。

"调用显示列表"这个动作本身也可以被装在另一个显示列表中。

3.1.4　销毁显示列表

销毁显示列表可以回收资源。使用 glDeleteLists()函数来销毁一串编号
连续的显示列表。例如，使用"glDeleteLists(20, 4);"将销毁 20，21，22，
23 这 4 个显示列表。

使用显示列表将会带来一些开销，如把各种动作保存到显示列表中会
占用一定数量的内存资源。但如果使用得当，显示列表可以提升程序的性
能。这主要表现在以下方面：

（1）明显减少 OpenGL 函数的调用次数。如果在网络中调用函数，将
显示列表保存在服务器端，可以大大减少网络负担。

（2）保存中间结果，避免一些不必要的计算。例如前面的样例程序中，
cos()、sin()函数的计算结果被直接保存到显示列表中，以后使用时就不必
重复计算。

（3）便于优化。在使用 glTranslate*、glRotate*、glScale*等函数时，
实际上是执行矩阵乘法操作，由于这些函数经常被组合在一起使用，通常
会出现矩阵的连乘。这时，如果把这些操作保存到显示列表中，OpenGL
会尝试先计算出连乘的一部分结果，从而提高程序的运行速度。在其他方
面也可能存在类似的例子。

同时，显示列表也为程序的设计带来方便。我们在设置一些属性时，
经常把一些相关的函数放在一起调用（如把设置光源的各种属性的函数放
到一起）。这时，如果把这些设置属性的操作装入到显示列表中，则可以实

现属性的成组的切换。

当然，在某些情况下显示列表可以提升性能，但这种提高很可能并不明显。毕竟，在硬件配置和大致的软件算法都不变的前提下，性能可提升的空间并不大。并且，调用显示列表本身时程序也有一些开销，若一个显示列表太小，这个开销将超过显示列表的优越性。下面给出显示列表能最大优化的场合：

（1）矩阵操作。大部分矩阵操作需要 OpenGL 计算逆矩阵，矩阵及其逆矩阵都可以保存在显示列表中。

（2）光栅位图和图像。程序定义的光栅数据不一定是适合硬件处理的理想格式。当编译组织一个显示列表时，OpenGL 可能把数据转换成硬件能够接受的数据，这可以有效地提高画位图的速度。

（3）光、材质和光照模型。当用一个比较复杂的光照环境绘制场景时，可以为场景中的每个物体改变材质。但是材质计算较多，因此设置材质可能比较慢。若把材质定义放在显示列表中，则每次改换材质时就不必重新计算了。因为计算结果存储在表中，因此能更快地绘制光照场景。

（4）纹理。因为硬件的纹理格式可能与 OpenGL 格式不一致，若把纹理定义放在显示列表中，则在编译显示列表时就能对格式进行转换，而不是在执行中进行，这样就能大大提高效率。

（5）多边形的图案填充模式。即可将定义的图案放在显示列表中。

3.1.5　示例

现在要通过列表来绘制 12 个金字塔。每个金字塔大小都相同，由 4 个相同的侧面三角形和 1 个四边形底面构成，整体按照 4×3 方式排列。这样，金字塔的绘制动作放入列表，显示时调用列表并让每个金字塔在它位置上的摆放稍有不同，即角度有些变化。

```
void InitGL(void)
{
    m_Pyramid = glGenLists(1);
    if(m_Pyramid != 0)
    {
        glNewList(m_Pyramid,GL_COMPILE);
```

```
glBegin(GL_TRIANGLES);        // 前侧面
glColor3f(1.0, 0.0, 0.0);
glVertex3f(0.0, 1.0, 0.0);
glColor3f(0.0, 1.0, 0.0);
glVertex3f(-1.0, -1.0, 1.0);
glColor3f(0.0, 0.0, 1.0);
glVertex3f(1.0, -1.0, 1.0);

glColor3f(1.0, 0.0, 0.0);        // 右侧面
glVertex3f(0.0, 1.0, 0.0);
glColor3f(0.0, 0.0, 1.0);
glVertex3f(1.0, -1.0, 1.0);
glColor3f(0.0, 1.0, 0.0);
glVertex3f(1.0, -1.0, -1.0);

glColor3f(1.0, 0.0, 0.0);        // 后侧面
glVertex3f(0.0, 1.0, 0.0);
glColor3f(0.0, 1.0, 0.0);
glVertex3f(1.0, -1.0, -1.0);
glColor3f(0.0, 0.0, 1.0);
glVertex3f(-1.0, -1.0, -1.0);

glColor3f(1.0, 0.0, 0.0);        // 左侧面
glVertex3f(0.0, 1.0, 0.0);
glColor3f(0.0, 0.0, 1.0);
glVertex3f(-1.0, -1.0, -1.0);
glColor3f(0.0, 1.0, 0.0);
glVertex3f(-1.0, -1.0, 1.0);
glEnd();

glBegin(GL_QUADS);        // 底面四边形
```

```
        glColor3f(1.0, 0.0, 0.0);
        glVertex3f(-1.0, -1.0, 1.0);
        glColor3f(0.0, 1.0, 0.0);
        glVertex3f(1.0, -1.0, 1.0);
        glColor3f(0.0, 0.0, 1.0);
        glVertex3f(1.0, -1.0, -1.0);
        glColor3f(1.0, 0.0, 1.0);
        glVertex3f(-1.0, -1.0, -1.0);
        glEnd();

        glEndList();
    }

    glClearColor(0.0, 0.0, 0.0, 0.5);
    glClearDepth(1.0);
    glDepthFunc(GL_LEQUAL);

    glEnable(GL_DEPTH_TEST);
    glShadeModel(GL_SMOOTH);
}


void myDisplay()
{
    glClear(GL_COLOR_BUFFER_BIT | GL_DEPTH_BUFFER_BIT);
    glLoadIdentity();

    // 循环绘制 12 个金字塔体(注意使顶点的绘制顺序保持一致，按
CCW 或 CW 其中之一)
    for(int y = 0; y < 3; y++)          // 沿 y 轴循环
    {
        for(int x = 0; x < 4; x++)      // 沿 x 轴循环
```

```
            {
                glLoadIdentity();
                glTranslatef(-3.0 + 2.0 * x, -2.0 + 2.0 * y, -10.0);
                glScalef(0.8, 0.8, 0.8);
                glRotatef(m_Angle, 1.0, 1.0, 0.0);
                glCallList(m_Pyramid);        // 绘制金字塔体
            }
        }
        glutSwapBuffers();
    }
```

思考

（1）"太阳-地球-月球"或太阳系天体运动模型中，如何理解 OpenGL 中卫星的运行轨迹？

（2）通过一个工程说明一棵树的三维模型构建中列表的使用。

3.2　层次模型

提示：用层次结构表达具有依赖关系的模型，让代码的逻辑关系更清楚。

3.2.1　构建层次模型

在太阳系、树等许多绘图程序中，模型的各部分之间都有依赖关系。如果要对模型的某一部分应用一个变换，则该部分产生的变化将导致其他部分也发生移动。在大多数这样的应用程序中（包括图形动画和机器人），模型都具有层次性。

这类模型的各部件可按树型数据结构进行组织。该结构由结点和结点之间的连接组成。除了顶层结点或根结点外，每个结点都有一个父结点；除终端结点或叶结点外，所有结点都有一个或多个子结点。

图 3.2.1 展示了一个简单的机械臂，其层次表示如图 3.2.2 所示。图 3.2.3 展示了想要生成一个完整机器人的层次表示。在这些层次中，一个对象的

位置和方向将受到其父结点对象的位置和方向的影响（其父结点对象的父结点）。

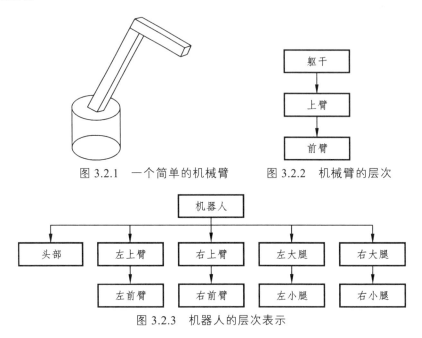

图 3.2.1　一个简单的机械臂　　图 3.2.2　机械臂的层次

图 3.2.3　机器人的层次表示

　　这些例子中都有通过旋转关节相互连接的部件，从而可将动画和运动简化为一组关节角的计算。当这些关节角中的一个或多个发生变化时，将场景重新进行绘制即可。

　　自然，在 OpenGL 中用变换来表示这些模型比较方便。但前面的变换多是将各个图形独立地放置在场景中。然而，OpenGL 变换是直接作用于当前矩阵，所以，每个变换实际上表示一次相对变化，即从一种比例、位置和方向变为另一种比例、位置和方向。这样，可以利用堆栈技术来辅助构建层次模型。

　　先考虑一个简单的机械臂模型。它由三部分组成：躯干、上臂和前臂。每一个部件都是在其自身的坐标系中用标准的 OpenGL 对象（如圆柱体或经过比例变换的立方体等进行描述的）。

　　假定用圆柱表示躯干，而用比例缩放过的立方体表示上臂和下臂。接下来我们就可通过 base()，lower_arm()和 upper_arm()三个函数分别定义躯干、上臂和前臂。一般二次曲面对象必须在 main()主函数或 init()初始化函数中进行定义，而描述各种长度的参数可在程序中任意位置来定义。

通过使用函数 gPushMatrix()和 glPopMatrix()，在用当前模型-视图矩阵来为整个图形定位的同时还可将其保留，供绘制其他对象时使用。实际上，OpenGL 在创建、装入、相乘模型变换和投影变换矩阵时，都已用到堆栈操作。一般说来，矩阵堆栈常用于构造具有继承性的模型，即由一些简单目标构成的复杂模型。矩阵堆栈对复杂模型运动过程中的多个变换操作之间的联系与独立十分有利。因为所有矩阵操作函数，如 glLoadMatrix()、glMultMatrix()、glLoadIdentity()等只处理当前矩阵或堆栈顶部矩阵，这样堆栈中下面的其他矩阵就不受影响。通俗地说，glPushMatrix()就是"记住自己在哪"，glPopMatrix()就是"返回自己原来所在地"。

各部分构造如下：

```
GLUquadricObj *p;                        // 二次曲面对象的指针
void base()                              // 躯干
{
  glPushMatrix();
    glRotatef(-90.0, 1.0, 0.0, 0.0);
    gluCylinder(p,BASE_RADIUS,BASE_RADIUS,BASE_HEIGHT, 5, 5);
  glPopMatrix();
}
void upper_arm()                         // 上臂
{
  glPushMatrix();
    glTranslatef(0.0, 0.5 * UPPER_ARM_HEIGHT, 0.0);
    glScalef(UPPER_ARM_WIDTH,UPPER_ARM_HEIGHT,UPPER_
ARM_WIDTH);
    glutWireCube(1.0);
  glPopMatrix();
}
```

```
void lower_arm()                         // 前臂
{
   glPushMatrix();
    glTranslatef(0.0, 0.5 * LOWER_ARM_HEIGHT, 0.0);
    glScalef(LOWER_ARM_WIDTH,LOWER_ARM_HEIGHT,LOWER_
ARM_WIDTH);
    glutWireCube(1.0);
    glPopMatrix();
}
```

躯干可独立于机器人的其他部件而旋转。上臂依附在躯干之上，可相
对躯干转动。前臂可相对上臂转动，但躯干和上臂的转动都会对前臂产生
影响。由于上臂位于躯干顶部，所以它必须向上平移。前臂应向上平移的
高度等于躯干的高度与上臂的高度之和。因为这些变换描述的都是每个部
件组合到其父结点对象时的变化。这些代码表明，当一个部件发生变化或
移动时，大多数矩阵都不必重新计算。

```
void myDisplay(void)
{
    glClear(GL_COLOR_BUFFER_BIT);
    glMatrixMode(GL_MODELVIEW);
    glLoadIdentity();
    glColor3f(1.0, 0.0, 0.0);
    glRotatef(theta[0], 0.0, 1.0, 0.0);
    base();
    glTranslatef(0.0,BASE_HEIGHT, 0.0);
    glRotatef(theta[1], 0.0, 0.0, 1.0);
    lower_arm();
    glTranslatef(0.0,LOWER_ARM_HEIGHT, 0.0);
    glRotatef(theta[2], 0.0, 0.0, 1.0);
    upper_arm();
    glutSwapBuffers();
}
```

还可用多种方式为该程序增加动画效果。一种方法是通过依附在某个鼠标按键上的菜单来选择哪个角需要改变，而用另外两个按键增加或减小该角度。作为替代方案，也可用键盘来完成上述选择。

在上面的例子中，在执行回调函数的过程中并不需要保存任何关于模型-视图矩阵的信息，因为这些变换都是增量式的。图 3.2.2 树型结构是一种非常简单的情形，即每个结点至多只有一个子结点。图 3.2.3 中的模型与之相比就显得比较复杂，机器人由与躯干相连的若干部件组成。每条胳膊和腿都由两个部件构成，每条胳膊和腿的位置和方向都与躯干的位置和方向有关，而与其他胳膊或腿的方位无关。假定我们能够独立地构建每个部件，并将相关信息放入一组函数中，如 head()（头部），torso()（躯干）以及 left_upper_arm()（左上臂）。每个部件都可通过一次平移以及一次或多次转动而相对其父结点对象进行定位，这主要取决于该部件与其父结点对象的连接方式。

显示回调函数必须对图 3.2.3 所示的树结构进行遍历，即必须访问每个结点，并使用正确的模型-视图矩阵绘制每个结点所代表的部件。一个标准的先序遍历从该树的左子树开始依序遍历每个结点。当遍历左子树之后，再回到右子树，并递归地重复上述过程。

下面分析这种遍历方法对于层次模型为什么是适用的。

首先绘制躯干。可用一个角度来描述其方位，利用该角度可以 y 轴为转轴，将躯干进行旋转。接下来轮到对头部进行绘制。然而，注意到要想到达胳膊和腿，必须先回到躯干。绘制头部时所使用的任何矩阵都不能用来绘制胳膊和腿。如果不重新计算原先应用于躯干的矩阵，所以需要用 glPushMatrix() 将其压入矩阵堆栈中，绘制出头部（这里使用了两个关节角）。返回躯干结点后，需要借助 glPopMatrix() 恢复原先的模型-视图矩阵。绘制完左臂后必须返回躯干结点，当借助出栈操作后，必须立即执行 glPushMatrix() 以保留同一模型-视图矩阵的一个副本。虽然下面的代码看起来有些复杂，规则其实非常简单。每次访问到具有一个未被访问的右子结点的左结点时，执行入栈操作，而每次返回该结点时，执行出栈操作。注意，必须在显示回调函数的最后也执行一次出栈操作，以保证入栈和出栈的次数相等。

void myDisplay(void)

```
{
  glClear(GL_COLOR_BUFFER_BIT | GL_DEPTH_BUFFER_BIT);
  glMatrixMode(GL_MODELVIEW);
  glLoadIdentity();
  glColor3f(1.0, 0.0, 0.0);
  glRotatef(theta[0], 0.0, 1.0, 0.0);
  torso();                                    // 躯干
  glPushMatrix();
    glTranslatef(0.0,HEADX, 0.0);
    glRotatef(theta[1], 1.0, 0.0, 0.0);
    glRotatef(theta[2], 0.0, 1.0, 0.0);
    glTranslatef(0.0,HEADY, 0.0);
    head();                                   // 头部
  glPopMatrix();
  glPushMatrx();
    glTranslatef(LUAX,LUAY, 0.0);
    glRotatef(theta[3], 1.0, 0.0, 0.0);
    left_upper_arm();                         // 左上臂
    glTranslatef(0.0,LLAY, 0.0);
    glRotatef(theta[4], 1.0, 0.0, 0.0);
    left_lower_arm();                         // 左前臂
  glPopMatrix();
  glPushMatrx();
    glTranslatef(RUAX,RUAY, 0.0);
    glRotatef(theta[5], 1.0, 0.0, 0.0);
    right_upper_arm();                        // 右上臂
    glTranslatef(0.0,RLAY, 0.0);
    glRotatef(theta[6], 1.0, 0.0, 0.0);
    right_lower_arm();                        // 右前臂
  glPopMatrix();
  glPushMatrx();
```

```
    glTranslatef(LULX,    LULY, 0.0);
    glRotatef(theta[7], 1.0, 0.0, 0.0);
    left_upper_leg();                        // 左大腿
    glTranslatef(0.0,    LLLY, 0.0);
    glRotatef(theta[8], 1.0, 0.0, 0.0);
    left_lower_leg();                        // 左小腿
  glPopMatrix();
  glPushMatrx();
    glTranslatef(RULX,    RULY, 0.0);
    glRotatef(theta[9], 1.0, 0.0, 0.0);
    right_upper_leg();                       // 右大腿
    glTranslatef(0.0,    RLLY, 0.0);
    glRotatef(theta[10], 1.0, 0.0, 0.0);
    right_lower_leg();                       // 右小腿
  glPopMatrix();
  glutSwapBuffers();
}
```

上面程序中，可进一步增加动画效果。例如，用菜单来选择 11 个角度中哪个要发生变化，并用鼠标或键盘的两个按键来增加或减小该角度。

更重要的是，通过定义一个节点数据结构（如左孩子-右兄弟结构将上述代码推广）：

```
typedef struct _treenode
{
  GLfloat m[16];
  void(*f)();
  struct _treenode *sibling;
  struct _treenode *child;
} treenode;
```

这个结构可将应用于每个结点的父结点的矩阵及该结点的绘制函数保存起来。例如，可通过用 OpenGL 计算前面用到的旋转矩阵并将其保存在结点中，并连同其他信息一起来定义躯干。

```
treenode torso_node;
glLoadIdentity();
glRotatef(theta[0], 0.0, 1.0, 0.0);
glGetFloatv(GL_MODELVIEW_MATRIX,torso_node.m);
torso_node.f = torso;
torso_node.sibling = NULL;
torso_node.child = &head_node;
```

一旦定义了所有的结点（比如在 init()函数中），就可在显示回调函数中对该数据结构进行遍历。

```
void trasverse(treenode *root)
{
    if(root == NULL)return;
    glPushMatrix();
        glMulMatrix(root->m);
        root->f();
    if(root.child != NULL)traverse(root->child);
    glPopMatrix();
    if(root->sibling != NULL)traverse(root->sibling);
}
void myDisplay(void)
{
    glClear(COLOR_BUFFER_BIT | GL_DEPTH_BUFFER_BIT);
    glMatrixMode(GL_MODELVIEW);
    glLoadIdentity();
    traverse(&torso_node);
    glutSwapBuffers();
}
```

也可以通过使用动态创建的结点来创建动态结构，比如

```
typedef treenode *tree_ptr;
tree_ptr torso_ptr;
```

torso_ptr = malloc(sizeof(treenode));

树结点的定义方式也类似。依然是借助指针，与上面同样方式递归进行遍历：

traverse(torso_ptr);

这种方法的优点是能在程序中创建或删除结点，为操作模型带来极大的灵活性。

3.2.2　行走的机器人仿真

使用 OpenGL 库内的常用规则几何形体，建立一个具有层次关系的机器人模型，代码如下，结果如图 3.2.4 所示。

```
void draw_Body(void)
{
    glPushMatrix();

    glTranslatef(0, 1.5, 0);
    glScalef(0.5,1,0.4);
    glMaterialfv(GL_FRONT,GL_AMBIENT,mat_ambient_color);
    glMaterialfv(GL_FRONT,GL_DIFFUSE,mat_diffuse);
    glutSolidCube(4);
    glPopMatrix();
}

void draw_Leftshoulder(void)
{
    glPushMatrix();
    glMaterialfv(GL_FRONT,GL_AMBIENT,no_mat);
    glMaterialfv(GL_FRONT,GL_DIFFUSE,mat_diffuse);
    glMaterialfv(GL_FRONT,GL_SPECULAR,no_mat);
    glMaterialfv(GL_FRONT,GL_SHININESS,no_shininess);
    glMaterialfv(GL_FRONT,GL_EMISSION,no_mat);
    glTranslatef(1.5,3,0);
```

```
    glRotatef(lshoulder,1,0,0);

    glTranslatef(0,-0.5,0);
    glScalef(0.4,1,0.5);
    glutSolidCube(2);

    glScalef(1/0.4,1/1,1/0.5);
    glTranslatef(0,-1.4,0);
    glRotatef(lelbow,1,0,0);
    glutWireSphere(0.4,200,500);

    glScalef(0.4,1,0.5);
    glTranslatef(0,-1.4,0);
    glutSolidCube(2);

    glPopMatrix();
}

void draw_Rightshoulder(void)
{
    glPushMatrix();
    glMaterialfv(GL_FRONT,GL_AMBIENT,no_mat);
    glMaterialfv(GL_FRONT,GL_DIFFUSE,mat_diffuse);
    glMaterialfv(GL_FRONT,GL_SPECULAR,no_mat);
    glMaterialfv(GL_FRONT,GL_SHININESS,no_shininess);
    glMaterialfv(GL_FRONT,GL_EMISSION,no_mat);
    glTranslatef(-1.5,3,0);
    glRotatef(rshoulder,1,0,0);

    glTranslatef(0,-0.5,0);
    glScalef(0.4,1,0.5);
```

```
    glutSolidCube(2);

    glScalef(1/0.4,1/1,1/0.5);
    glTranslatef(0,-1.4,0);
    glRotatef(relbow,1,0,0);
  glutWireSphere(0.4,200,500);

    glScalef(0.4,1,0.5);
    glTranslatef(0,-1.4,0);
    glutSolidCube(2);

    glPopMatrix();
}

void draw_Head(void)
{
    glPushMatrix();
    glMaterialfv(GL_FRONT,GL_AMBIENT,no_mat);
    glMaterialfv(GL_FRONT,GL_DIFFUSE,mat_diffuse);
    glMaterialfv(GL_FRONT,GL_SPECULAR,mat_specular);
    glMaterialfv(GL_FRONT,GL_SHININESS,low_shininess);
    glMaterialfv(GL_FRONT,GL_EMISSION,no_mat);

    glTranslatef(0,3.5,0);
    glRotatef(neck,0,0,1);
    glTranslatef(0,1,0);
    glutWireSphere(1,200,500);

    glPopMatrix();
}
```

```
void draw_Leftfoot(void)
{
    glPushMatrix();
     glMaterialfv(GL_FRONT,GL_AMBIENT,no_mat);
     glMaterialfv(GL_FRONT,GL_DIFFUSE,mat_diffuse);
     glMaterialfv(GL_FRONT,GL_SPECULAR,no_mat);
     glMaterialfv(GL_FRONT,GL_SHININESS,no_shininess);
     glMaterialfv(GL_FRONT,GL_EMISSION,no_mat);

     glTranslatef(-0.6,-0.6,0);
     glRotatef(lfoot,1,0,0);
     glTranslatef(0,-1,0);
     glScalef(0.4,1,0.5);
     glutSolidCube(2);

     glScalef(1/0.4,1/1,1/0.5);
     glTranslatef(0,-1.4,0);
     glRotatef(lhips,1,0,0);
     glutWireSphere(0.4,200,500);

     glScalef(0.4,1,0.5);
     glTranslatef(0,-1.4,0);
     glutSolidCube(2);

    glPopMatrix();
}

void draw_Rightfoot(void)
{
    glPushMatrix();
     glMaterialfv(GL_FRONT,GL_AMBIENT,no_mat);
```

```
glMaterialfv(GL_FRONT,GL_DIFFUSE,mat_diffuse);
glMaterialfv(GL_FRONT,GL_SPECULAR,no_mat);
glMaterialfv(GL_FRONT,GL_SHININESS,no_shininess);
glMaterialfv(GL_FRONT,GL_EMISSION,no_mat);

glTranslatef(0.6,-0.6,0);
glRotatef(rfoot,1,0,0);
glTranslatef(0,-1,0);
glScalef(0.4,1,0.5);
glutSolidCube(2);

glScalef(1/0.4,1/1,1/0.5);
glTranslatef(0,-1.4,0);
glRotatef(rhips,1,0,0);
glutWireSphere(0.4,200,500);

glScalef(0.4,1,0.5);
glTranslatef(0,-1.4,0);
glutSolidCube(2);

glPopMatrix();
}

void OnDisplay(void)
{
glClear(GL_COLOR_BUFFER_BIT | GL_DEPTH_BUFFER_BIT);
glPushMatrix();
glRotatef(angle,0,1,0);
glTranslatef(0,4,0);
draw_Body();
draw_Head();
```

```
        draw_Leftshoulder();
        draw_Rightshoulder();
        draw_Leftfoot();
        draw_Rightfoot();
    glPopMatrix();
    glutSwapBuffers();
}
```

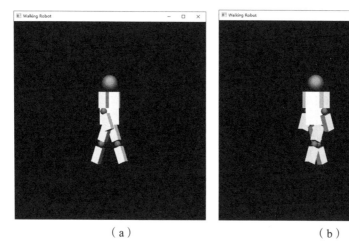

（a）　　　　　　　　　　　　　　　　（b）

图 3.2.4　机器人行走的不同姿态

思考

（1）太阳系或树的建模中，是用什么方法来构建层次模型的？

（2）用结构图表示一个模型顶点和形体的关系。

3.3　光滑曲线和曲面

提示：光滑曲线是流线型图形设计的主要工具。Bezier 曲线比较简明，但受顶点数量的限制；Nurbs 曲线比较理想，但参数较多。

样条原指造船时用于船体外形放线的木条；在数学中，是指通过一组指定点集（称为控制点）生成的一条平滑的柔性带；在计算机图形学中，则是指由多项式曲线段连接而成的曲线，相邻曲线段在其连接处满足特定的连续条件，如二阶导数连续。样条曲线一般均指 3 次及 3 次以上多项式所描述的曲线，当多项式的次数小于 3 时，将退化成二次曲线及直线。

样条分为插值样条和逼近样条，前者是指曲线通过所有控制点；而后者则是指曲线仅通过个别控制点，而与其他控制点尽可能地接近。插值样条常用于实验数据的拟合，而在计算机图形学中，常用的一般均为逼近样条。用两组正交的样条曲线就可以描绘出一张样条曲面。

3.3.1 Bezier 曲线和曲面

Bezier 曲线具有方便构造、易于使用、实现简单等优点，因此被广泛用于各种 CAD 系统中。

1. Bezier 曲线

一条 Bezier 曲线可以拟合任意数目的控制点，控制点的数目和位置决定 Bezier 曲线多项式的次数。对于具有 $n+1$ 个控制点的 Bezier 曲线，可表示为式（3.3.1）：

$$P(u) = \sum_0^n p_i B_{i,n}(u) \qquad 0 \leqslant u \leqslant 1 \tag{3.3.1}$$

其中，$p_i = (x_i, y_i, z_i)$ 为第 $i+1$ 个控制点向量。曲线的起点是 p_0，终点位于 p_n；$B_{i,n}$ 是 Bezier 混合函数。

由于 $i \in (0,n)$，因此 Bezier 混合函数是一个 n 次多项式。它可以描述一条非常复杂的曲线。然而，若所有控制点共点，则它所描述的就是一条 0 次曲线，即空间的一个点；若所有控制点共线，它描述的就是一条一次曲线——直线。

```
void myDisplay(void)
{
    GLfloat CtrlPts[][3] = {{-300.0, 100.0, 0.0}, {-50.0, 210.0, 0.0},
                    {-100.0, 100.0, 0.0},{50.0, 150.0, 0.0},
                    {70.0, 10.0, 0.0}, {-200.0, -100.0, 0.0},
                    {20.0, -230.0, 0.0}, {150.0, 30.0, 0.0},
                    {300.0, -200.0, 0.0}};        // 9 个控制点
```

```
GLint n = 9,i;
glClear(GL_COLOR_BUFFER_BIT);
glColor3f(1.0, 1.0, 1.0);
glPointSize(5.0);
glBegin(GL_POINTS);
    for(i = 0; i < n; i++)glVertex3fv(CtrlPts[i]);
glEnd();
glColor3f(0.0, 1.0, 0.0);
glLineWidth(1);
glBegin(GL_LINE_STRIP);
    for(i = 0; i < n; i++)glVertex3f(CtrlPts[i]);
glEnd();
// 定义一维求值器
glMap1f(GL_MAP1_VERTEX_3, 0.0, 1.0, 3,n, *CtrlPts);
glColor3f(1.0, 0.0, 0.0);
glLineWidth(3);
glBegin(GL_LINE_STRIP);
// 一维映射点求值
    for(i = 0; i <= 50; i++)glEvalCoord1f(GLfloat(i / 50.0));
glEnd();
glFlush();
}
```

根据 Bezier 曲线公式，出于数学模型的复杂性，绘制曲线比较困难。然而，利用 OpenGL 绘制样条曲线则是一件相当简单的事情，这是因为 OpenGL 已经为用户将最艰难的任务完成了，用户只需调用几条命令即可。

绘制样条曲线首先需要定义一维求值器，这需要调用 OpenGL 的 gMap1()命令，该命令的原型为

void glMap1d/f(GLenum target，Type u1，Type u2，Glint stride，Glint order，const Type *points)；

其中，target 为由求值器所产生的数值类型，它可以是表 3.3.1 中的 9 个枚举常量之一。

表 3.3.1 求值器产生的数值类型

枚举常量	含义
GL_MAP1_VERTEX_3	每个控制点均由 3 个实数构成，求值器将产生内部的 glVertex3 值
GL_MAP1_VERTEX_4	每个控制点均由 3 个实数构成，求值器将产生内部的 glVertex4 值
GL_MAP1_INDEX	每个控制点是一个表示颜色索引的实数，求值器将产生 glIndex 值
GL_MAP1_COLOR_4	每个控制点是 4 个表示颜色的实数，求值器将产生 glColor4 值
GL_MAP1_NORMAL	每个控制点为 3 个表示法向量的实数，求值器将产生 glNormal 值
GL_MAP1_TEXTURE_COORD_1	每个控制点是纹理坐标的单一实数，求值器将产生 glTexCoord1 值
GL_MAP1_TEXTURE_COORD_2	每个控制点是纹理坐标的两个实数，求值器将产生 glTexCoord2 值
GL_MAP1_TEXTURE_COORD_3	每个控制点是纹理坐标的三个实数，求值器将产生 glTexCoord3 值
GL_MAP1_TEXTURE_COORD_4	每个控制点是纹理坐标的四个实数，求值器将产生 glTexCoord4 值

参数 u1 和 u2 为 Bezier 混合函数 u 的下限和上限。理论上这两个参数的值分别取 0 和 1，而在 OpenGL 的实际应用中，它们可以是任何值，前提是 u1 < u2；参数 stride 指出控制点数据结构中一个控制点与下一个控制点的间距。一般情况下，控制点是以坐标(x,y,z)的形式给出，因此，参数的值常取 3。所以上例中控制点数组 CtrlPts 完全可以以一维数组的形式给出。参数 order 为曲线控制点的个数。所以上例控制点数组 CtrlPts 中的坐标值可以大于 9 个；参数 points 即为控制点数据结构的首地址。

命令 glMap1()定义了一个一维求值器的数据结构，为下一步的样条求值做好了数据准备。

具体的样条绘制操作是利用绘制折线的方式进行的，也就是在 glBegin

(GL_LINE_STRIP)和 glEnd()命令对之间进行的。绘制折线时，在这一命令对之间应当有一些顶点命令，即 glVertex()命令。而在绘制样条曲线时，顶点则是由 glEvalCoord1f()命令来生成的，该命令的原型为

    void glEvalCoord1X(Type u);

其中，X 为 d、f、dv 或 fv，用于指定的参数 u 的数据类型。

这条命令用于为一维映射顶点求值。原理是将两控制点之间划分成多个长度相等的区间（上例中为 50 个区间），然后根据求值器所给定的数据计算 Bezier 混合函数在各分区点上的值。从而得到一系列的顶点值。OpenGL 会利用这些顶点值绘制一条折线。当分区数足够大时，给出的将是一条光滑的曲线。

应当说明的是，使用 glEvalCoord1X()命令对曲线进行求值前，必须利用 GL_MAP1_VERTEX_3 作为参数调用 glEnable()命令以启用生成 x、y、z 三坐标状态。

2. Bezier 曲面

Bezier 曲面可表示为：

$$p(u,v)=\sum_{j=0}^{m}\sum_{k=0}^{n}p_{j,k}B_{j,m}(v)B_{k,n}(u) \tag{3.3.2}$$

其中，$B_{j,m}(v)$ 和 $B_{k,n}(u)$ 分别是两个正交方向上的混合函数；m 和 n 分别为两个正交方向上的控制点个数；u 和 v 为两个正交方向上的参数。

```
void init()
{
    glClearColor(0.0, 0.0, 0.0, 1.0);
    glEnable(GL_MAP2_VERTEX_3);         // 启用坐标生成
    glEnable(GL_DEPTH_TEST);
    glEnable(GL_AUTO_NORMAL);
}
void myDisplay(void)
{
    GLfloat CtrlPts[][4][3] = {{{-1.5, -1.5, 4.0}, {-0.5, -1.5, 2.0},
                    -0.5, -1.5, -1.0}, {1.5, -1.5, 2.0}},
```

```
                              {{-1.5, -0.5, 1.0}, {-0.5, -0.5, 3.0},
                              {0.5, -0.5, 2.0}, {1.5, -0.5, -1.0}},
                              {{-1.5, 0.5, 4.0}, {-0.5, -0.5, 0.0},
                              {0.5, 0.5, 3.0}, {1.5, 0.5, 4.0}},
                              {{-1.5, 1.5, -4.0}, {-0.5, 1.5, -2.0},
                              {0.5, 1.5, 0.0}, {1.5, 1.5, -1.0}}};
    glClear(GL_COLOR_BUFFER_BIT | GL_DEPTH_BUFFER_BIT);
    glPushMatrix();
        glTranslatef(0.2, 0.5, 0.0);
        glRotatef(10.0, 1.0, 0.0, 0.0);
        glRotatef(25.0, 0.0, 0.0, 1.0);
        glColor3f(1.0, 0.0, 0.0);
        glMap2f(GL_MAP2_VERTEX_3, 0.0, 1.0, 3, 4, 0.0, 1.0, 12, 4,
&CtrlPts[0][0][0]);
        glMapGrid2f(10.0, 0.0, 1.0, 10.0, 0.0, 1.0);  // 定义二维网格
        glEvalMesh2(GL_FILL, 0, 10, 0, 10);      // 计算二维网格上的点
    glPopMatrix();
    glutSwapBuffers();
}
```

这个示例为了绘制 Bezier 曲面，调用了 glMap2() 来定义求值器。其原型为

```
void glMap2f/d(GLenum target,Type u1,Type u2,Glint ustride,
               Glint uorder,Type v1,Type v2,Glint,vstride,
               Glint vorder,const Type *points);
```

其中，参数 target 为由求值器所产生的数值类型，可选项同表 1.2.1。u1 和 u2 为 Bezier 混合函数参数 u 的下限和上限。v1 和 v2 为 Bezier 混合函数参数 v 的下限和上限。其他参数与 glMap1() 命令中的参数类似。

上例中，每个方向上各有 4 个控制点。实际上各个方向上控制点的个数不必相同，只要在命令的参数中正确地指明即可。

由于各种曲面均是由一片片的小平面构成的，因此在绘制 Bezier 曲面前需要调用 gMapGrid2() 命令定义二维网格。该命令的原型为

void glMapGrid2f/d(Glint un,Type u1,Type u2,Glint vn,Type v1,Type v2);
其中,参数 un 和 vn 分别为 u 方向和 v 方向上相邻两个控制点间的分区数,其他参数与上面 gMap2()命令中的同名参数意义相同。

该命令利用参数定义了一个二维网格,实际绘图时,每一网格就是一片小平面。对于二维曲面,可以一次性地调用 glEvalMesh2()命令进行求值并绘制。该命令的原型为

void glEvalMesh2(GLenum mode,Glint i1,Glint i2,Glint j1,Glint j2);
其中,参数 mode 用于指定绘制模式,其可用值与 glPolygonMode()命令 mode 参数的可用值完全相同。参数 i1 和 i2 用于给出在 i 方向上网格的范围值;而参数 j1 和 j2 用于给出在 j 方向上网格的范围值。

该命令对构成曲面的网格上的点、线或面(取决于 mode 参数)进行求值,并进行绘制。

上面示例在求值时模式选择为 GL_FILL,即以面的形式进行绘制,输出结果将是一个面。若注释掉程序中该行,替换为"glEvalMesh2(GL_LINE, 0, 10, 0, 10);",这时将以线框的形式进行绘制。这时,绘出的将是一个网状 Bezier 曲面。

3.3.2 NURBS 曲线和曲面

B 样条曲线(B-Spline)被广泛地应用于 CAD 系统以及图形编程软件包中。与 Bezier 曲线一样,B 样条曲线也是由一系列的控制点生成的。但 B 样条曲线具有两个突出优点:

第一,B 样条曲线的次数独立于控制点的个数,而不像 Bezier 曲线那样,样条的次数依赖于控制点的个数,从而使得控制点越多,逼近的效果就越差。

第二,B 样条曲线的形态允许内部控制,即调整一个控制点的位置仅影响其附近曲线的形状,而不像 Bezier 曲线那样,一个控制点的改变将影响个曲线或整张曲面的形态。

B 样条曲线的缺点是它比 Bezier 曲线要复杂。

1. B 样条曲线

B 样条曲线可以表示为(3.3.3):

$$P(u) = \sum_{i=0}^{n} p_i B_{i,k}(u) \qquad u_{\min} \leqslant u \leqslant u_{\max} \qquad 2 \leqslant k \leqslant n+1 \qquad （3.3.3）$$

其中，p_k 为总共 $n+1$ 个控制点之一。$B_{i,k}(u)$ 混合函数为 $k+1$ 次多项式，它的 De Boor-Cox 递推定义为：

$$B_{i,1}(u) = \begin{cases} 1, & u_i \leqslant u \leqslant u_{i+1} \\ 0, & 其他 \end{cases}$$

$$B_{i,k}(u) = \frac{u - u_i}{u_{i+k-1} - u_i} B_{i,k-1}(u) + \frac{u_{i+k} - u}{u_{i+k} - u_{i+1}} B_{i+1,k-1}(u)$$

（3.3.4）

B 样条曲线中，u 的取值从 $u_{\min}$ 到 $u_{\max}$，形成了一个向量组 u_i，称作结点向量。从理论上讲，结点的取值是任意的，但在实用中，常取 $u_k - u_k = C$，这就形成了所谓的均匀周期性 B 样条曲线。对于非均匀周期性样条曲线，可按下面规则选择结点：

$$u = \begin{cases} 0, & i < k \\ i-k+1, & k \leqslant i \leqslant n \\ i-k+2, & i > n \end{cases}$$

（3.3.5）

OpenGL 支持非均匀周期 B 样条曲线（ Non-Uniform Rational B-Spline，NURBS ），它对结点的数量及其取值有着较为严格的要求。

```
GLUnurbsObj *pNurb = 0;
GLfloat CtrlPts[][3] = {{-300.0, 100.0, 0.0}, {-50.0, 210.0, 0.0},
                        {-100.0, 100.0, 0.0}, {50.0, 150.0, 0.0},
                        {70.0, 10.0, 0.0}, {-200.0, -100.0, 0.0},
                        {200.0, -230.0, 0.0}, {150.0, 30.0, 0.0}};
GLfloat Knots[] = {0.0, 0.0, 0.0, 0.0, 0.0, 0.0, 0.0, 0.0, 1.0,
                   1.0, 1.0, 1.0, 1.0, 1.0, 1.0, 1.0};
void CALLBACK NurbsErrorHandler(GLenum nErrorCode)
{
    char cMessage[64];
    strcpy(cMessage,"MURBS error occurred: ");
    strcat(cMessage,(const char*)gluErrorString(nErrorCode));
    glutSetWindowTitle(cMessage);
```

```
    }
    void init()
    {
      glClearColor(0.0, 0.0, 0.0, 1.0);
      pNurb = gluNewNurbsRenderer();   // 创建 NURBS 对象并定义回调函数
      gluNurbsCallback(pNurb,GLU_ERROR,(void(_stdcall
*)(void))NurbsErrorHandler();
    }
    void myDisplay(void)
    {
      glClear(GL_COLOR_BUFFER_BIT)
      glPushMatrix();
        glColor3f(1.0, 0.0, 0.0);
        glLineWidth(3);
        gluBeginCurve(pNurb);        // 绘制 NURBS 曲线
          gluNurbsCurve(pNurb, 16,Knots, 3, &CtrlPts[0][0], 8,GL_MAP1_
VERTEX_3);
        gluEndCurve(pNurb);
      glPopMatrix();
    }
    void main(int argc,char* argv[])
    {
      // 其他相同语句略
      gluDeleteNurbsRenderer(pNurb);
    }
```

NURBS 在 GLU 库中定义，绘制 NURBS 曲线的一般步骤如下：

（1）创建一个 NURBS 对象。

（2）必要时，设置 NURBS 对象的一些属性。

（3）指定必要的出错处理回调函数。

（4）绘制 NURBS 曲线。绘制完后删除 NURBS 对象。

创建 NURBS 对象需要调用 gluNewNurbsRenderer()命令，该命令的原型为

GLUnurbsObj * gluNewNurbsRenderer(void);

该命令用于创建一个 NURBS 对象，创建成功时返回指向该对象的指针，否则返回空指针。对于曲线而言，各种属性用其缺省值即可。

由于 NURBS 比较复杂，在其创建、参数设置以及绘制过程中，常常会有错误产生。因此，有必要及时地捕捉错误，了解错误的性质以及产生错误的原因，以便调试。

捕捉错误需要设置一个错误处理回调函数，上例中 NurbsErrorHandler( )函数就是错误处理函数，该函数带有一个枚举型参数，该参数即是出错时系统传递过来的错误码。上面的例子仅仅将错误码显示在窗口的标题栏中。这一操作是由 gutSetwindowTitle()命令来完成的。

错误处理函数是一个回调函数，必须经注册后才可以使用。注册错误处理回调函数需要调用 gluNurbsCallback()命令，该命令的原型为

void gluNurbsCallback(GLUnurbsObj *nobj,GLenum which,void(*fn)());

参数 nobj 为一个指向 NURBS 对象的指针。参数 which 用于指出哪一个错误将导致回调函数被调用。该参数唯一的取值为 GLU_ERROR，对于 NURBS 而言，它涵盖了 37 个错误信息，分别用枚举常量 GLUNURBSERROR1 到 GLUNURBSERROR37 表示。这 37 个枚举常量即上述的错误码，利用错误码调用 gluErorString()命令就可以得到关于错误的字符串说明。

绘制 NURBS 曲线必须在 gluBeginCurve( )和 gluEndCurve( )命令对之间进行。它们带一个参数 pNurb，是一个指向 NURBS 对象的指针。

具体的绘制由 gluNurbsCurve()函数完成。它的原型是

void gluNurbsCurve(GLUnurbsObj *nobj,Glint nknots,
　　　　　　　　GLfloat *knot,Glint stride,GLfloat *ctlarray,
　　　　　　　　Glint order,GLenum type);

参数 nobj 为一个指向 NURBS 对象的指针。参数 nknots 为结点数组的大小。一般结点数组的大小为控制点个数的两倍，即每个控制点使用两个结点，在结点数组中，第 i 个和第 $2i$ 个元素分别给出了第 i 个控制点参数 u 的下限和上限。上例中它们的值分别为 0 和 1。参数 knote 为结点数组；参数 stride 为每个控制点在控制点数组中的间距。本例中每个控制点由 3 个表示其坐标值的实数构成，因而此参数的值为 3。参数 ctlarray 为控制点数组。

参数 order 为 NURBS 对象的序数，其值为对象的次数 – 1。在实用中，该参数的值与控制点的个数相同。参数 type 为 NURBS 对象的数据类型。对于 B 样条曲线由于绘制操作位于 gluBeginCurve()和 gluEndCurve()命令对之间，该参数的值只可能是一个一维求值类型，即 GL_MAP1_VERTEX_3 或 GL_MAPl_COLOR_4。

命令 gluNurbsCurve()根据其参数所给定的值绘制一条 NURBS 曲线。该命令的调用必须位于 gluBeginCurve()和 gluEndCurve()命令对之间。当不再需要某个 NURBS 对象时，需要通过调用 gluDeleteNurbsRenderer()命令删除该对象，以将所占用的内存返还给系统。该命令的原型为

void gluDeleteNurbsRenderer(GLUnurbsObj *nobj);

参数为一个指向 NURBS 对象的指针。

上例中，由于多个函数需要使用 NURBS 对象，所以将指针 pNurb 定义成一个全局变量。在初始化函数 init()中，通过调用 gluNewNurbsRenderer()命令创建了一个 B 样条对象。之所以放在这里创建对象，是由于程序打算在初始化过程中注册错误处理函数。若指针 pNurb 为一空指针，则注册命令 gluNurbsCallback()将会产生一个运行时间错误。由于创建对象的位置比较特殊，所以删除对象就只能在程序运行结束前执行（即 main()函数中的最后一条语句）。

2. B 样条曲面

B 样条曲面是由多条 B 样条曲线正交形成的。给定参数轴 u 和 v 的节点矢量：

$$U = [u_0, u_1, \cdots, u_{m+p}]$$
$$V = [v_0, v_1, \cdots, v_{n+q}]$$

（3.3.6）

$p \times q$ 阶 B 样条曲面定义如下：

$$P(u,v) = \sum_{i=0}^{m}\sum_{j=0}^{n} p_{i,j} N_{i,p}(u) N_{j,q}(v)$$

（3.3.7）

OpenGL 支持非均匀周期 B 样条曲面。绘制 NURBS 曲面的步骤与绘制 NURBS 曲线相似，不同的是，绘制曲面时需要的数据更多。

下面示例定义了一张由 25 个型值点控制的 NURBS 曲面。

```
GLfloat CtrlPts[][5][3] = {{{-3.5, -2.5, 4.0}, {-4.0, 1.5, 4.0},
                           {0.0, 1.5, 4.0}, {4.5, 1.5, 4.0}, {3.5, -2.5, 4.0}},
                           {{-4.5, -3.5, 2.0}, {-3.0, 2.0, 2.0},
                           {0.0, 4.0, 2.0}, {3.0, 2.0, 2.0}, {4.5, -3.5, 2.0}},
                           {{-3.5, -3.5, 0.0}, {-2.0, 0.0, 0.0},
                           {0.0, -1.5, 0.0}, {2.0, 0.0, 0.0}, {3.5, -3.5, 0.0}},
                           {{-4.0, -4.0, -2.0}, {-3.0, 0.0, -2.0},
                           {0.0, 2.5, -2.0}, {3.0, 0.0, -2.0}, {4.0, -4.0, -2.0}},
                           {{-3.5, -3.0, -4.0}, {-2.5, 3.0, -4.0},
                           {0.0, 4.0, -4.0}, {2.5, 3.0, -4.0}, {3.5, -3.0, -4.0}}};
GLfloat Knots[] = {0.0, 0.0, 0.0, 0.0, 0.0, 1.0, 1.0, 1.0, 1.0, 1.0};
GLUnurbsObj *pNurb = 0;
void init()
{
    glClearColor(0.0, 0.0, 0.0, 1.0);
    glEnable(GL_MAP2_VERTEX_3);
    glEnable(GL_DEPTH_TEST);
    glEnable(GL_AUTO_NORMAL);
    pNurb = gluNewNurbsRenderer();
    gluNurbsCallback(pNurb,GLU_ERROR,(void(_stdcall *)(void))
                     NurbsErrorHandler);
    gluNurbsProperty(pNurb,GLU_SAMPLING_TOLERANCE, 25.0);
                                              // 设置 NURBS 属性
    gluNurbsProperty(pNurb,GLU_DISPLAY_MODE,GLfloat(GLU_FILL));
}
void myDisplay(void)
{
    glClear(GL_COLOR_BUFFER_BIT | GL_DEPTH_BUFFER_BIT);
    glPushMatrix();
        glTranslatef(0.0, 0.5, 0.0);
        glRotatef(30.0, 1.0, 0.0, 0.0);
```

```
glRotatef(25.0, 0.0, 1.0, 0.0);
glColor3f(1.0, 0.0, 0.0);
gluBeginSurface(pNurb);
   gluNurbsSurface(pNurb, 10,Knots, 15, 3,    // 定义 NURBS 曲面形状
                   &CtrlPts[0][0][0], 5, 5,GL_MAP2_VERTEX_3);
gluEndSurface(pNurb);
glPopMatrix();
glutSwapBuffers();
}
```

曲面属于三维对象，为了得到较为真实的渲染效果，应该设置灯光。除此之外，对于曲面而言，非常有必要设置 NURBS 对象的属性。设置 NURBS 对象属性需要调用 GLU 库中的命令 gluNurbsProperty()，该命令的原型为

void gluNurbsProperty(GLUnurbsObj *nobj,GLenum property,GLfloat value);
参数 nobj 为指向 NURBS 对象的指针。参数 property 即为要设置的属性，该参数的可用值见表 3.3.2。参数 value 用于给出所设置属性的值。该参数可以是一个数值，也可以是表 3.3.3 中的 6 个枚举常量之一。

表 3.3.2　NURBS 属性

枚举常量	含义
GLU_SAMPLING_TOLERANCE	采样容差（以像素计），缺省值为 50.0
GLU_DISPLAY_MODE	NURBS 曲面的渲染方法
GLU_CULLING	指出是否使用镶嵌
GLU_AUTO_LOAD_MATRIX	指出是否从服务器下载投影、模型视图矩阵及视口
GLU_PARAMETRIC_TOLERANCE	最大采样距离（以像素计），缺省值为 0.5
GLU_SAMPLING_METHOD	NURBS 曲面的镶嵌方法
GLU_U_STEP	u 方向每个单位长度上的采样点数
GLU_V_STEP	v 方向每个单位长度上的采样点数

表 3.3.3　value 参数值

枚举常量	含义
GLU_FILL	曲面以多边形形式渲染
GLU_OUTLINE_POLYGON	仅绘制镶嵌后的多边形外框
GLU_OUTLINE_PATCH	仅绘制用户定义的片段和修剪曲线的外框
GLU_PATH_LENGTH	指出用镶嵌多边形边缘的最大长度，所渲染表面不会大于 GLU_SAMPLING_TOLERANCE 所指定的值
GLU_PARAMETRIC_ERROR	指出表面利用 GLU_PARAMETRIC_TOLERANCE 所给定的值进行渲染
GLU_DOMAIN_DISTANCE	指定在 u 方向和 v 方向上每个单位采样的点的个数（以参数坐标计）

　　命令 gluNurbsProperty()用于设置 NURBS 对象的属性。需要注意的是，参数 value 的取值必须与参数 property 取值配合使用。

　　上面示例中，仅设置了两个 NURBS 对象属性：将 GLU_SAMPLENG_TOLERANCE 属性的值设置成 25.0，提高了采样精度。将 GLU_DISPLAY_MODE 属性的值设置成 GLU_FILL，即把程序中所定义的 NURBS 对象绘制成一个填充的曲面。

　　绘制 NURBS 曲面需要调用 gluNurbsSurface()命令，该命令的原型为

void gluNurbsSurface(GLUnurbsObj *nobj,GLint sknot_count,GLfloat *sknot,
　　　　　　　　GLint tknot_count,GLfloat *tknot,
　　　　　　　　GLint,s_stride,GLint t_stride,
　　　　　　　　GLfloat *ctlarray,Glint sorder,
　　　　　　　　Glint torder,GLenum type);

参数 nobj 为指向 NURBS 对象的指针。参数 sknot_coun 和 tknot_count 分别为 u 方向和 v 方向上的结点数。参数 sknot 和 tknot 分别为 u 方向和 v 方向上的结点数。参数 s_stride 和 t_stride 分别为两个方向上相邻两个结点在数组中的偏移量（距离）；参数 ctlarray 为 NURBS 曲面在 u、v 两个方向上的控制点间控制点数组中的偏移量。参数 sorder 和 torder 分别为曲面在 u、v 两个方向上的阶数。参数 type 为曲面的类型，其取值可以是 GL_MAP2_

VERTEX_3 或 GL_MAP2_COLOR_4。

函数 gluNurbsSurface()定义了一个 NURBS 曲面的形状。当该命令出现在命令对 gluBeginSurface()和 gluEndSurface()之间时，其所定义的曲面将被绘出。这个命令对的两条函数都只带一个相同参数 nobj，为指向 NURBS 对象的指针。

思考

（1）Bezier 曲线有什么优缺点？

（2）用 Nurbs 函数可以作出 B 样条曲线图吗？为什么？

（3）建模为什么要考虑使用光滑曲线？

3.4 键盘鼠标控制

提示：多数行业的绘图和三维模型构建中，计算机与用户之间的交互是基本操作，最常用的是键盘和鼠标。一般都把事件响应放在回调函数中。

3.4.1 键盘与特殊按键响应

1. 键盘响应

鼠标和键盘是两种最重要的交互设备。对于键盘，每次当我们按下或释放一个键时都会产生事件。GLUT 带有一个键盘回调函数，该回调函数可通过 glutKeyboardFunc()来指定。当某一个键被按下时，该回调函数便会被调用。虽然许多系统允许程序响应键的释放事件，GLUT 选择了忽略该事件。其原型是：

void glutKeyboardFunc(void *f(unsigned char key,int x,y));

当一个键被按下时，函数 f()将被调用。所按下的键连同光标的位置一并传入 f()。注意，光标位置的单位为像素，是从窗口的左上角开始度量的。其实所有的 GLUT 回调函数都返回一个鼠标位置，该位置是屏幕坐标，即坐标系的原点位于屏幕左上角。所按下的键作为 unsigned char 类型返回给键盘回调函数。通常，键盘回调函数使用一个简单的控制结构如 if 或 switch 来确定回调函数应进行处理的键是否被按下，以及如果被按下应如何处理。

gluKeyboardFunc()只响应按键消息，键的释放消息将被忽略。

例如，希望当用户按下 Q、q 或 Esc 键时，能够终止程序。先在主函数中注册一个键盘回调函数：

glutKeyboardFunc(mykey);
然后定义这个回调函数：

```
void mykey(unsigned char key,int x,int y)
{
    if(key == 'Q' || key == 'q' || key == '\27')exit(0);
}
```

键盘回调函数在某个键被按下的同时也会返回鼠标的位置。我们可利用这些值使按键产生一些不同的效果。例如，在一个画图程序中，我们希望鼠标位于绘图区外时，能够通过按键来终止程序。还可用键盘回调函数向屏幕输出一些文本。注意，由于鼠标的位置是相对于屏幕坐标系给出的，所以位置坐标的单位为像素，而且坐标值从屏幕左上角开始算。

2. 特殊按键响应

对于各种特殊键（如功能键和方向键）的用法，GLUT 通过 glutSpecialFunc()所指定的回调函数来处理。其原型是

void glutSpecialFunc(void(*f)(int key,int x,int y));
当键 key 被按下时，函数 f()将得到执行。同时鼠标位置（x,y）也将被返回。

每个特殊键都有一个在 glut.h 中定义的字符串来指定。所以，在回调函数内部，我们可能会看到如下形式的代码：

```
if(key == GLUT_KEY_F1)        // 使用功能键 F1
if(key == GLUT_KEY_UP)        // 使用向上方向键
```

3.4.2　鼠标与鼠标移动响应

1. 鼠标响应

对于鼠标，用 glutMouseFunc()命令来注册鼠标回调函数。其原型是：

void glutMouseFunc(void(*f)(int button,int state,int x,int y));
鼠标回调函数 f()返回鼠标在窗口中的位置、它的状态(GLUT_UP 或 GLUT_

DOWN)以及鼠标事件的来源(GLUT_LEFT_BUTTON，GLUT_MIDDLE_BUTTON 或 GLUT_RIGHT_BUTTON)。

使用鼠标最简单也最通用的方法就是将鼠标在屏幕上的位置返回给应用程序。当鼠标的某一键被按下或释放时，就会产生一个鼠标事件。回调函数将以像素为单位返回鼠标的位置，位置的度量以窗口的左上角为参考点。该回调函数同时将返回引发该事件的按键，以及该按键在引发该事件后的状态。例如，想用鼠标左键来结束程序，我们可在主函数中注册一个鼠标回调函数：

glutMouseFunc(myMouse);

然后，可像下面这样使用它：

```
void myMouse(int button,int state,int x,int y)
{
    if(state == GLUT_DOWN && button == GLUT_LEFT_BUTTON)exit(0);
}
```

鼠标回调函数可用于交互式地控制所绘对象。假定我们想绘制一个矩形，构成一条对角线的两个角点由鼠标右键的连续两次单击确定，且该矩形各边与屏幕对齐。鼠标左键仍用于程序的退出。

我们必须面对的问题是确定完成绘制的代码应放在程序的哪个部分，即应将绘制该矩形的 OpenGL 函数放在哪里？有一种简单的策略，可将所有的工作都在鼠标回调函数中完成。这样，当用户首次按下右键时，将该位置保存起来；第二次按下右键时，将该矩形绘制出来。该鼠标回调函数看起来会像下面这样：

```
int height;                // 将视口的高度设为全局变量
void myMouse(int button,int state,int x,int y)
{
    static bool first = true;
    static int xx,yy;
    if(state == GLUT_DOWN && button == GLUT_LEFT_BUTTON)exit(0);
    if(state == GLUT_DOWN && button == GLUT_RIGHT_BUTTON)
    {
        if(first)
```

```
    {
      xx = x;
      yy = height–y;
      first = !first;
    }
    else
    {
      first = !first;
  glClear(GL_COLOR_BUFFER_BIT);
  glBegin(GL_POLYGON);
    glVertex2i(xx,yy);
    glVertex2i(xx,height - y);
    glVertex2i(x,height - y);
    glVertex2i(x,yy);
  glEnd();
    }
  }
}
```

在前面的代码中，有几点需要特别注意。最重要的当属对由鼠标回调函数所返回的 y 坐标所做的转换。这种转换是必须的，因为返回给鼠标回调函数的 y 值是在屏幕坐标系中度量的，而屏幕坐标系的原点位于屏幕左上角。用于裁剪窗口和几何对象规格的值是以世界坐标定义的，而世界坐标系的原点位于左下角。但是，为了能够进行坐标变换，必须知道屏幕窗口的高度，而且在程序执行过程中，该高度值将会随用户的交互而发生改变。该问题的解决方案是将窗口高度（height）设为全局变量，这样该值就会随重绘回调函数不断自动更新。

2. 鼠标移动响应

当鼠标移动时，无论键是否被按下，也会引发一些事件。如果鼠标在键被按下的同时发生移动，所产生的事件称为移动事件（move event）。如果鼠标在移动时没有键被按下，则称此时引发的事件为被动移动事件（passive move event）。当鼠标进入或离开窗口时，将产生进入事件（entry event）。移动回调函数由 glutMotionFunc 指定，被动移动回调函数由 glutPassiveMotionFunc()指定。这两种回调函数都将返回鼠标的位置，它们的原型是：

```
void glutMotionFunc(void(*f)(int x,int y));
void glutPassiveMotionFunc(void(*f)(int x,int y));
```

指定移动和被动移动回调函数。鼠标的位置(x,y)将返回给这两个回调函数。

移动回调的一个应用是在拖动鼠标的同时绘制曲线。只要有一个键被按下，就可在回调函数中通过一行代码来对折线进行扩展：

```
int points[2][100];
int i = 0;
void myMotion(int x,int y)
{
    // ……
    points[0][i] = x;
    points[1][i] = height–y;
    i++;
    // ……
}
```

在上述代码中，鼠标的垂直位置被转换到 OpenGL 坐标系中。当鼠标被释放之后，可用该数组存储的数据来绘制一段折线。

当鼠标进入或离开 OpenGL 窗口时将产生一个进入事件。该类事件的回调函数可用函数 glutEntryFunc()来注册。其原型是

```
void glutEntryFunc(void(*f)(int state));
```

函数的返回状态为 GLUT_ENTERED 或 GLUT_LEFT。

3.4.3　菜单与子菜单

1. 菜　单

交互式程序的特点是具有类型非常详尽的交互，绝不只是到目前为止所讨论过的键盘和鼠标。所有的现代窗口系统都支持一个窗口小组件集，这些组件是用户可与之进行交互的特殊类型的窗口。

典型的小组件包括菜单、按钮、滑杆以及对话框。大多数小组件都由系统特定的工具集提供，这些工具集往往能够充分利用窗口系统的全部性能。由于 GLUT 简单而且可移植，它只提供了一个规模较小的组件集。当然，由于组件（如按钮或表盘）可被视作图形对象，所以也可用 OpenGL 和 GLUT 来创建任意特定类型的组件。

GLUT 的确提供了一种重要的组件——菜单。通常这些菜单都被实现为弹出式（pop-up）菜单，它往往在鼠标的某一键被按下时出现。

定义一个菜单需要三个步骤。首先，必须确定菜单中有哪些选项，即菜单的每行将显示哪些字符串。其次，必须为菜单中的每一行关联一种特定操作。最后，还必须将每个菜单与鼠标按键建立关联。

菜单的工作机制与其他回调函数非常类似。当用户释放使菜单弹出的鼠标按键时，一个表明鼠标所在行的标识符即被传递给菜单回调函数。

菜单通常在主函数或主函数调用的初始化函数中被创建。GLUT 允许创建级联菜单，方法是令一个菜单项指向一个子菜单。顶级菜单由函数 gutCreateMenu()创建，该函数将为菜单指定回调函数，并将返回一个标识该菜单的整数值。其原型是

int glutCreateMenu(void(*f)(int value));

创建一个使用回调函数 f()的顶级菜单，f()将由菜单项传入一个整数值 value。glutCreateMenu()将为所创建的菜单返回一个唯一的整型标识符。

所创建的菜单将称为当前菜单，随后的代码将会为其指定菜单项。当前菜单可由函数 glutSetMenu()来修改。

void glutSetMenu(int id);

即将当前菜单设为标识符为 id 的菜单。

菜单项可借助函数 glutAddMenuEntry()加入当前菜单中。每个菜单项都包含两部分内容：一个用于显示的菜单项字符串以及被选中时所返的一个整数值。

void glutAddMenuEntry(char * name,int value);

为当前菜单增加一个名称为 name 的菜单项；value 将被返回给菜单回调函数。

最后，借助函数 glutAttachMenu()将当前菜单依附到鼠标的某一个键上。

void glutAttachMenu(int button);

参数 button 可选项有 GLUT_RIGHT_BUTTON、GLUT_MIDDLE_BUTTON 或 GLUT_LEFTBUTTON，是当前菜单依附到其中一个指定的鼠标按钮上。

例如，想用鼠标右键弹出一个有两个菜单项的菜单：一个可清屏，另一个将结束程序，在 main()主函数或 init()初始化函数对该菜单进行这样设置：

```
id = glutCreateMenu(myMenu);
glutAddMenuEntry("Clear Screen", 1);
glutAddMenuEntry("Exit", 2);
glutAttatchMenu(GLUT_RIGHT_BUTTON);
```

由于本例中只有一个菜单，所以不需要其标识符。菜单回调函数类似下面：

```
void myMenu(int value)
{
   if(value == 1)
   {
     glClear(GL_COLOR_BUFFER_BIT);
   glutSwapBuffers();
   }
   if(value == 2)exit(0);
}
```

2. 子菜单

可为一个菜单添加若干子菜单。子菜单拥有自己的名称，该名称作为父菜单中的一项而出现。当用户将鼠标移动到该项上时，子菜单将自动弹出。为子菜单添加菜单项需要借助函数 glutAddSubMenu()。其原型是

void glutAddSubMenu(char *name,int menu);

参数 name 是一个作为当前菜单的下一项的子菜单项，参数 menu 为当该子菜单被创建时所返回的子菜单 id。

创建子菜单的方式与主菜单大体相同，但是必须首先创建子菜单，以便当创建主菜单时能够将该子菜单的标识符传给 gutAddSubMenu()函数。

3.4.4 NULL 回调函数

回调函数可在程序执行期间重新定义，方法是在一个恰当的函数中命

名一个新的回调函数。有时，只想注销一个回调函数。例如，假定在程序的一些执行点上，不再想要一个已定义的空闲回调函数，只需将 NULL 作为新回调函数的名称，并将其传入回调函数注册函数中即可。

glutIdleFunc(NULL);

3.4.5　橡皮筋线段示例

在使用鼠标绘图的时候，当鼠标左键按下时表示绘图开始。此时，随着鼠标光标的移动，希望实时地把图形绘制出来，这样用户可以随时看到自己要绘制的图形是什么样的，而不是只有到最后鼠标左键抬起的时候才把图形绘制出来。为了实现这种效果可以在鼠标移动消息处理函数中就把当前图形绘制出来，这样每当鼠标移动消息处理函数被调用的时候都会将当前鼠标光标所处位置和鼠标左键按下位置所确定的图形绘制出来。但是如果一直绘图的话，每次绘制的图形都留在视图区中，会产生许多根本不需要的图形。所以正确的做法是每次绘制图形时都先擦除上次所绘制的图形，然后再绘制新的图形。这种绘图方法就称为使用橡皮线绘图（意指绘图线像橡皮一样可以擦除以前绘制的图形）。

主要的步骤如下：

（1）鼠标左键按下处理函数。在函数中先设置了鼠标使用的光标资源，并捕捉鼠标。然后设置了线段上各点的初始值，此时鼠标左键刚刚按下，所以这两个点相同。

（2）鼠标移动处理函数，主要在该函数中完成橡皮线的绘制。先在函数中设置鼠标使用的光标资源，再构造设备环境对象，以便进行绘图。if 条件判断在鼠标左键按下并且要绘制的图形是直线段时，执行绘制直线段橡皮线的代码。

（3）鼠标左键抬起处理函数，此时表示本次鼠标绘制图形完毕。在函数中设置了鼠标使用的光标资源，并释放鼠标。然后构造设备环境对象，用于绘制最终的图形。if 条件句判断当前绘制的是直线段，就调用相应的绘图函数将直线段绘制出来。然后把图形简单地绘制出来。

（4）用鼠标右键清除绘图，结果如图 3.4.1 所示。

核心代码如下：

void myMouse(int button,int state,int x,int y)

```
    {
        if(button==GLUT_LEFT_BUTTON && state == GLUT_DOWN)
        {
            if(flag == 0)
            {
                flag = 1;
                line[k][0] = x;
                line[k][1] = height - y;
            }
            else
            {
                line[k][2] = x;
                line[k][3] = height - y;
                k++;
                line[k][0] = line[k-1][2];
                line[k][1] = line[k-1][3];
            }
        }
        if(button==GLUT_RIGHT_BUTTON && state == GLUT_DOWN)
        {
            flag = 0;
            k = 0;
            glutPostRedisplay();
        }
    }

    void myMotion(int x,int y)
    {
        line[k][2] = x;
        line[k][3] = height - y;
        glutPostRedisplay();
```

```
}

void drawline()
{
    for(int i = 0; i <= k; i++)
    {
        glBegin(GL_LINES);
            glVertex2f(line[i][0],line[i][1]);
            glVertex2f(line[i][2],line[i][3]);
        glEnd();
    }
}
```

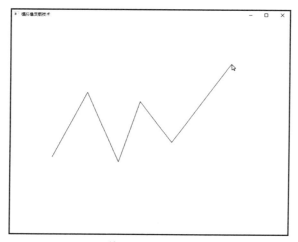

图 3.4.1　使用 OpenGL 模拟橡皮筋

思考

（1）如何捕获、存储鼠标位置信息？能够把它们用作地图数据吗？

（2）写一个使用橡皮筋绘制地图的工程。

4

真实感图形

4.1　图像及矢量化环境

提示：介绍最基本的 BMP 图像格式及其读写，为纹理和材质使用做铺垫。也是遥感影像等图像处理的基础。

计算机有两种最基本保存图像的方法，分别是矢量图和像素图。矢量图保存了图像中每一几何物体的位置、形状、大小等信息，在显示图像时，根据这些信息计算得到完整的图像。像素图是将完整的图像纵横分为若干的行、列，这些行列使得图像被分割为很细小的分块，每一分块称为像素，保存每一像素的颜色也就保存了整个图像。

两种方法各有优缺点。矢量图在图像进行放大、缩小时很方便，不会失真，但如果图像很复杂，那么就需要用非常多的几何体，数据量和运算量都很庞大。像素图无论图像多么复杂，数据量和运算量都不会增加，而且看起来更逼真，但在进行放大、缩小等操作时，会产生失真的情况。

前面主要使用 OpenGL 来绘制几何体，构建一幅矢量图。那么，应该如何绘制像素图呢？

4.1.1　BMP 文件格式简介

BMP 文件是一种像素文件，它保存了一幅图像中所有的像素。这种文件格式可以保存单色位图、16 色或 256 色索引模式像素图、24 位真彩色图像。每种模式中单一像素的大小分别为 1/8 byte、1/2 byte、1 byte 和 3 byte。目前，最常见的是 256 色 BMP 和 24 位色 BMP。这种文件格式还定义了像素保存的几种方法，包括不压缩、RLE 压缩等。常见的 BMP 文件大多是不压缩的。

为了讨论方便，这里使用 24 位色、不压缩的 BMP。比如，使用 Windows自带的画图程序，很容易绘制出一个符合这种要求的 BMP。

1. BMP 文件结构

如图 4.1.1 所示，BMP 图像文件被分成 4 个部分：位图文件头、位图信息头、颜色表和位图数据（即图像数据）。

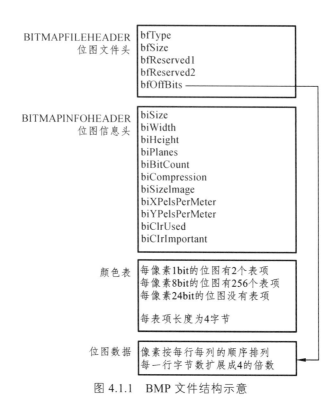

图 4.1.1　BMP 文件结构示意

（1）第 1 部分为位图文件头 BITMAPFILEHEADER，是一个结构体类型，该结构的长度是固定的，为 14 个字节。其定义如下：

```
typedef struct tagBITMAPFILEHEADER
{
    WORD bfType;
    DWORD bfSize;
    WORD bfReserved1;
    WORD bfReserved2;
    DWORD bfOffBits;
} BITMAPFILEHEADER,FAR *LPBITMAPFILEHEADER,
  *PBITMAPFILEHEADER;
```

① bfType：位图文件类型，必须是 0x424D，即字符串"BM"，也就是说，所有的"*.bmp"文件的头两个字节都是"BM"。

② bfSize：位图文件大小，包括这 14 个字节。

③ bfReserved1，bfReserved2：Windows 保留字，暂不用。

④ bfOffBits：从文件头到实际的位图数据的偏移字节数，图 4.1.1 中前 3 个部分长度之和。

（2）第 2 部分为位图信息头 BITMAPINFOHEADER，也是一个结构体类型的数据结构，该结构的长度也是固定的，为 40 个字节（WORD 为无符号 16 位整数，DWORD 为无符号 32 位整数，LONG 为 32 位整数）。其定义如下：

```
typedef struct tagBITMAPINFOHEADER
{
    DORD biSize;
    LONG biWidth;
    LONG biHeight;
    WORD biPlanes;
    WORD biBitCount;
    DWORD biCompression;
    DWORD biSizeImage;
    LONG biXPelsPerMeter;
    LONG biYPelsPerMeter;
    DWORD biClrUsed;
    DWORD biClrImportant;
} BITMAPINFOHEADER,FAR *LPBITMAPINFOHEADER,
  *PBITMAPINFOHEADER;
```

① biSize：本结构的长度，为 40 个字节。

② biWidth：位图的宽度，以像素为单位。

③ biHeight：位图的高度，以像素为单位。

④ biPlanes：目标设备的级别，必须是 1。

⑤ biBitCount：每个像素所占的位数，其值必须是 1（黑白图像）、4（16 色图）、8（256 色）、24（真彩色图），新的 BMP 格式支持 32 位色。

⑥ biCompression：位图压缩类型，有效的值为 BLRGB（未经压缩）、BI_RLE8、BI_RLE4、BI_BITFILEDS（均为 Windows 定义常量）。这里只

讨论未经压缩的情况，即 biCompression = BIRGB。

⑦ biSizeImage：实际的位图数据占用的字节数，该值的大小在第 4 部分位图数据中有具体解释。

⑧ biXPelsPerMeter：指定目标设备的水平分辨率，单位是像素/米。

⑨ biYPelsPerMeter：指定目标设备的垂直分辨率，单位是像素/米。

⑩ biClrUsed：位图实际用到的颜色数，如果该值为零，则用到的颜色数为 2 的 biBitCount 次幂。

⑪ biClrImportant：位图显示过程中重要的颜色数，如果该值为零，则认为所有的颜色都是重要的。

（3）第 3 部分为颜色表。颜色表实际上是一个 RGBQUAD 结构的数组，数组的长度由 biClrUsed 指定（如果该值为零，则由 biBitCount 指定，即 2 的 biBitCount 次幂个元素）。RGBQUAD 结构是一个结构体类型，占 4 个 byte，其定义如下：

```
typedef struct tabRGBQUAD
{
    BYTE rgbBlue;
    BYTE rgbGreen;
    BYTE rgbRed;
    BYPE rgbReserved;
} RGBQUAD;
```

·rgbBlue：该颜色的蓝色分量。

·rgbGreen：该颜色的绿色分量。

·rgbRed：该颜色的红色分量。

·rgbReserved：保留字节，暂不用。

有些位图需要颜色表，有些位图（如真彩色图）则不需要颜色表，颜色表的长度由 BITMAPINFOHEADER 结构中 biBitCount 分量决定。对于 biBitCount 值为 1 的二值图像，每像素占 1 bit，图像中只有两种（如黑白）颜色，颜色表也就有 $2 \times 1 = 2$ 个表项，整个颜色表的大小为 $2 \times$ sizeof (RGBQUAD) $= 2 \times 4 = 8$ byte；对于 biBitCount 值为 8 的灰度图像，每像素占 8 bit，图像中有 2～256 种颜色，颜色表也就有 256 个表项，且每个表项的 R、G、B 分量相等，整个颜色表的大小为 $256 \times$ sizeof(RGBQUAD) =

1024 byte；而对于 biBitCount = 24 的真彩色图像，由于每像素 3 个字节中分别代表了 R、G、B 三分量的值，此时不需要颜色表，因此真彩色图的 BITMAPINFOHEADER 结构后面直接就是位图数据。

（4）第 4 部分是位图数据，即图像数据。其紧跟在位图文件头、位图信息头和颜色表（如果有颜色表的话）之后，记录了图像的每一个像素值。对于有颜色表的位图，位图数据就是该像素颜色在调色板中的索引值；对于真彩色图，位图数据就是实际的 R、G、B 值（三个分量的存储顺序是 B、G、R）。下面分别就 2 色、16 色、256 色和真彩色位图的位图数据进行说明：

① 对于 2 色位图，用 1 位就可以表示该像素的颜色，所以 1 byte 能存储 8 个像素的颜色值。

② 对于 16 色位图，用 4 位可以表示一个像素的颜色。所以 1 byte 可以存储 2 个像素的颜色值。

③ 对于 256 色位图，1 byte 刚好存储 1 个像素的颜色值。

④ 对于真彩色位图，3 byte 才能表示 1 个像素的颜色值。

需要注意两点：

第一，Windows 规定一个扫描行所占的字节数必须是 4 的倍数，不足 4 的倍数则要对其进行扩充。假设图像的宽为 biWidth 个像素、每像素 biBitCount 个比特，其一个扫描行所占的真实字节数的计算公式如下：

DataSizePerLine = (biWidth×biBitCount / 8 + 3) / 4 * 4

那么，不压缩情况下位图数据的大小（BITMAPINFOHEADER 结构中的 biSizeImage 成员）计算如下：

biSizeImage = DataSizePerLine×biHeight

第二，一般来说，BMP 文件的数据是从图像的左下角开始逐行扫描图像的，即从下到上、从左到右，将图像的像素值一一记录下来，因此图像坐标零点在图像左下角。

2. BMP 文件读写方式

Windows 所使用的 BMP 文件，在开始处有一个文件头，大小为 54 byte。保存了包括文件格式标识、颜色数、图像大小、压缩方式等信息。文件头中信息中"大小"一项是读写文件的关键。图像的宽度和高度都是一个 32

位整数，在文件中的地址分别为 0x0012 和 0x0016，可以使用以下代码来读取图像的大小信息：

```
GLint width, height;        // 使用 OpenGL 的 GLint 类型,它是 32 位的。

                            // 而 C 语言本身的 int 则不一定是 32 位的。

FILE* pFile;                // 在这里进行"打开文件"的操作
fseek(pFile, 0x0012, SEEK_SET);          // 移动到 0x0012 位置
fread(&width, sizeof(width), 1, pFile);  // 读取宽度
fseek(pFile, 0x0016, SEEK_SET);          // 移动到 0x0016 位置
                            // 由于上一句执行后本就应该在 0x0016 位置
                            // 所以这一句可省略
fread(&height, sizeof(height), 1, pFile);   // 读取高度
```

54 byte 以后，如果是 16 色或 256 色 BMP，则还有一个颜色表，但 24 位色 BMP 不用颜色表，这里可忽略。24 位色的 BMP 文件中，54 个字节后紧跟实际的像素数据，每 3 byte 表示一个像素的颜色。

注意，OpenGL 通常使用 RGB 来表示颜色，但 BMP 文件则采用 BGR，就是说，顺序被反过来了。

需要注意的地方是，像素的数据量并不一定完全等于图像的高度乘以宽度乘以每一像素的字节数，而是可能略大于这个值。其原因是 BMP 文件采用了一种"对齐"机制，每一行像素数据的长度若不是 4 的倍数，则填充一些数据使它是 4 的倍数。这样一来，一个 17×15 的 24 位 BMP 大小就应该是 834 byte（每行 17 个像素，有 51 byte，补充为 52 byte，乘以 15 得到像素数据总长度 780，再加上文件开始的 54 byte，为 834 byte）。分配内存时，一定要小心，不能直接使用"图像的高度乘以宽度乘以每一像素的字节数"来计算分配空间的长度，否则有可能导致分配的内存空间长度不足，造成越界访问，带来各种严重后果。

一个很简单的计算数据长度的方法如下：

```
int LineLength, TotalLength;
LineLength = ImageWidth * BytesPerPixel;
                            // 每行数据长度大致为图像宽度乘以
```

                                      // 每像素的字节数

while(LineLength % 4 != 0)   // 修正 LineLength 使其为 4 的倍数

    ++LineLenth;

TotalLength = LineLength * ImageHeight;

                                // 数据总长 = 每行长度 * 图像高度

4.1.2 像素基本操作

1. 简单的 OpenGL 像素操作

OpenGL 提供了简洁的函数来操作像素：

glReadPixels()：读取一些像素。当前可以简单理解为"把已经绘制好的像素（它可能已经被保存到显卡的显存中）读取到内存"。

glDrawPixels()：绘制一些像素。当前可以简单理解为"把内存中一些数据作为像素数据，进行绘制"。

glCopyPixels()：复制一些像素。当前可以简单理解为"把已经绘制好的像素从一个位置复制到另一个位置"。虽然从功能上看，好像等价于先读取像素再绘制像素，但实际上它不需要把已经绘制的像素（它可能已经被保存到显卡的显存中）转换为内存数据，然后再由内存数据进行重新绘制，所以要比先读取后绘制快很多。

这 3 个函数可以完成简单的像素读取、绘制和复制任务，但实际上也可以完成更复杂的任务。由于这几个函数的参数数目比较多，下面分别介绍。

2. 像素读取 glReadPixels()示例

1）函数参数

该函数总共有 7 个参数。前 4 个参数可以得到一个矩形，该矩形所包括的像素都会被读取出来。第 1、2 个参数表示了矩形的左下角横、纵坐标，坐标以窗口最左下角为零，最右上角为最大值；第 3、4 个参数表示了矩形的宽度和高度。

第 5 个参数表示读取的内容，如 GL_RGB 就会依次读取像素的红、绿、蓝 3 种数据，GL_RGBA 则会依次读取像素的红、绿、蓝、alpha 4 种数据，

GL_RED 则只读取像素的红色数据（类似的还有 GL_GREEN，GL_BLUE，以及 GL_ALPHA）。如果采用的不是 RGBA 颜色模式，而是采用颜色索引模式，则也可以使用 GL_COLOR_INDEX 来读取像素的颜色索引。函数还可以读取其他内容，如深度缓冲区的深度数据等。

第 6 个参数表示读取的内容保存到内存时所使用的格式，如 GL_UNSIGNED_BYTE 会把各种数据保存为 GLubyte，GL_FLOAT 会把各种数据保存为 GLfloat 等。

第 7 个参数表示一个指针，像素数据被读取后，将被保存到这个指针所表示的地址。注意，需要保证该地址有足够的可以使用的空间，以容纳读取的像素数据。例如，一幅大小为 256×256 的图像，如果读取其 RGB 数据，且每一数据被保存为 GLubyte，总大小就是 $256 \times 256 \times 3 = 196\ 608$，即 192 kb。如果是读取 RGBA 数据，则总大小就是 $256 \times 256 \times 4 = 262\ 144$ byte，即 256 kb。

glReadPixels()实际上是从缓冲区中读取数据，如果使用了双缓冲区，则默认是从正在显示的缓冲（即前缓冲）中读取，而绘制工作是默认绘制到后缓冲区的。因此，如果需要读取已经绘制好的像素，往往需要先交换前后缓冲。

2）解决 OpenGL 常用 RGB 数据与 BMP 文件 BGR 数据顺序不一致问题

可以使用一些代码交换每个像素的第一字节和第三字节，使得 RGB 的数据变成 BGR 的数据。

当然也可以使用另外的方式解决问题：OpenGL 除了可以使用 GL_RGB 读取像素的红、绿、蓝数据外，也可以使用 GL_BGR 按照相反的顺序依次读取像素的蓝、绿、红数据，这样就与 BMP 文件格式相吻合了。即使 gl/gl.h 头文件中没有定义这个 GL_BGR，都可以尝试使用 GL_BGR_EXT。

3）消除 BMP 文件中"对齐"带来的影响

实际上 OpenGL 也支持使用了这种"对齐"方式的像素数据。只要通过 glPixelStore()修改"像素保存时对齐的方式"就可以了，如

int alignment = 4;

glPixelStorei(GL_UNPACK_ALIGNMENT, alignment);

第一个参数表示"设置像素的对齐值"，第二个参数表示实际设置为多

少。这里像素可以单字节对齐（实际上就是不使用对齐）、双字节对齐（如果长度为奇数，则再补 1 个字节）、4 字节对齐（如果长度不是 4 的倍数，则补为 4 的倍数）、8 字节对齐。分别对应 alignment 的值为 1，2，4，8。实际上，默认的值是 4，正好与 BMP 文件的对齐方式相吻合。

4）读入像素数据

现在，我们已经可以把屏幕上的像素读取到内存了，根据需要还可以将内存中的数据保存到文件。正确地对照 BMP 文件格式，应用程序就可以把屏幕中的图像保存为 BMP 文件，达到屏幕截图的效果。

从一个正确的 BMP 文件中读取前 54 byte，修改其中的宽度和高度信息，就可以得到新的文件头。比如，先建立一个 1×1 大小的 24 位色 BMP，文件名为 dummy.bmp，又假设新的 BMP 文件名称为 grab.bmp，则可以编写如下代码：

```
FILE* pOriginFile = fopen("dummy.bmp", "rb");
FILE* pGrabFile = fopen("grab.bmp", "wb");
char    BMP_Header[54];
GLint width, height;
/* 先在这里设置好图像的宽度和高度，即 width 和 height 的值，并计算像素的总长度 */
// 读取 dummy.bmp 中的头 54 byte 到数组
fread(BMP_Header, sizeof(BMP_Header), 1, pOriginFile);
// 把数组内容写入到新的 BMP 文件
fwrite(BMP_Header, sizeof(BMP_Header), 1, pGrabFile);
// 修改其中的大小信息
fseek(pGrabFile, 0x0012, SEEK_SET);
fwrite(&width, sizeof(width), 1, pGrabFile);
fwrite(&height, sizeof(height), 1, pGrabFile);
// 移动到文件末尾，开始写入像素数据
fseek(pGrabFile, 0, SEEK_END);
/* 在这里写入像素数据到文件 */
fclose(pOriginFile);
fclose(pGrabFile);
```

下面是完整的代码，演示如何把整个窗口的图像抓取出来并保存为 BMP 文件。

```
#define WindowWidth    400
#define WindowHeight 400
#include <stdio.h>
#include <stdlib.h>

/* 函数 grab
 * 抓取窗口中的像素
 * 假设窗口宽度为 WindowWidth,高度为 WindowHeight
 */
#define BMP_Header_Length 54
void grab(void)
{
    FILE*      pDummyFile;
    FILE*      pWritingFile;
    GLubyte* pPixelData;
    GLubyte   BMP_Header[BMP_Header_Length];
    GLint      i, j;
    GLint      PixelDataLength;

    // 计算像素数据的实际长度
    i = WindowWidth * 3;   // 得到每一行的像素数据长度
    while( i%4 != 0 )      // 补充数据,直到 i 是 4 的倍数
        ++i;               // 本来还有更快的算法,
                           // 但这里仅追求直观,对速度没有太高要求
    PixelDataLength = i * WindowHeight;

    // 分配内存和打开文件
    pPixelData = (GLubyte*)malloc(PixelDataLength);
    if( pPixelData == 0 )
```

```
    exit(0);

pDummyFile = fopen("dummy.bmp", "rb");
if( pDummyFile == 0 )
    exit(0);

pWritingFile = fopen("grab.bmp", "wb");
if( pWritingFile == 0 )
    exit(0);

// 读取像素
glPixelStorei(GL_UNPACK_ALIGNMENT, 4);
glReadPixels(0, 0, WindowWidth, WindowHeight,
    GL_BGR_EXT, GL_UNSIGNED_BYTE, pPixelData);

// 把 dummy.bmp 的文件头复制为新文件的文件头
fread(BMP_Header, sizeof(BMP_Header), 1, pDummyFile);
fwrite(BMP_Header, sizeof(BMP_Header), 1, pWritingFile);
fseek(pWritingFile, 0x0012, SEEK_SET);
i = WindowWidth;
j = WindowHeight;
fwrite(&i, sizeof(i), 1, pWritingFile);
fwrite(&j, sizeof(j), 1, pWritingFile);

// 写入像素数据
fseek(pWritingFile, 0, SEEK_END);
fwrite(pPixelData, PixelDataLength, 1, pWritingFile);

// 释放内存和关闭文件
fclose(pDummyFile);
fclose(pWritingFile);
```

```
    free(pPixelData);
}
```

每个绘图程序，在绘制函数的最后调用 grab()函数，即可把图像内容保存为 BMP 文件，用这段代码来截图。

3. 像素绘制 glDrawPixels()示例

glDrawPixels()函数与 glReadPixels()函数相比，参数内容大致相同。它的第 1、2、3、4 个参数分别对应 glReadPixels()函数的第 3、4、5、6 个参数，依次表示图像宽度、图像高度、像素数据内容、像素数据在内存中的格式。两个函数的最后一个参数也是对应的，glReadPixels()中表示像素读取后存放在内存中的位置，glDrawPixels()则表示用于绘制的像素数据在内存中的位置。

glDrawPixels()函数比 glReadPixels()函数少了 2 个参数，这 2 个参数在 glReadPixels()中分别是表示图像的起始位置。而在 glDrawPixels()中，不必显式地指定绘制的位置，这是因为绘制的位置是由另一个函数 glRasterPos*()来指定的。glRasterPos*()函数的参数与 glVertex*()类似，通过指定一个二维（或者三维、四维）坐标，OpenGL 将自动计算出该坐标对应的屏幕位置，并把该位置作为绘制像素的起始位置。

自然可以从 BMP 文件中读取像素数据，并使用 glDrawPixels()绘制到屏幕上。先把该文件复制一份放到正确的位置，我们在程序开始时，就读取该文件，从而获得图像的大小后，根据该大小来创建合适的 OpenGL 窗口，并绘制像素。

绘制像素本来是很简单的过程，但是这个程序在骨架上与前面的各种示例程序稍有不同，下面是一个简单地显示 24 位 BMP 图像程序的完整代码。

```
#include <gl/glut.h>

#define FileName "Bliss.bmp"

static GLint      ImageWidth;
static GLint      ImageHeight;
static GLint      PixelLength;
```

static GLubyte* PixelData;

#include <stdio.h>
#include <stdlib.h>

```
void display(void)
{
    // 清除屏幕并不必要
    // 每次绘制时，画面都覆盖整个屏幕
    // 因此无论是否清除屏幕，结果都一样
    // glClear(GL_COLOR_BUFFER_BIT);

    // 绘制像素
    glDrawPixels(ImageWidth, ImageHeight,
        GL_BGR_EXT, GL_UNSIGNED_BYTE, PixelData);

    // 完成绘制
    glutSwapBuffers();
}

int main(int argc, char* argv[])
{
    // 打开文件
    FILE* pFile = fopen("Bliss.bmp", "rb");
    if( pFile == 0 )
        exit(0);

    // 读取图像的大小信息
    fseek(pFile, 0x0012, SEEK_SET);
    fread(&ImageWidth, sizeof(ImageWidth), 1, pFile);
    fread(&ImageHeight, sizeof(ImageHeight), 1, pFile);
```

```
// 计算像素数据长度
PixelLength = ImageWidth * 3;
while( PixelLength % 4 != 0 )
    ++PixelLength;
PixelLength *= ImageHeight;

// 读取像素数据
PixelData = (GLubyte*)malloc(PixelLength);
if( PixelData == 0 )
    exit(0);

fseek(pFile, 54, SEEK_SET);
fread(PixelData, PixelLength, 1, pFile);

// 关闭文件
fclose(pFile);

// 初始化 GLUT 并运行
glutInit(&argc, argv);
glutInitDisplayMode(GLUT_DOUBLE | GLUT_RGBA);
glutInitWindowPosition(100, 100);
glutInitWindowSize(ImageWidth, ImageHeight);
glutCreateWindow(FileName);
glutDisplayFunc(&display);
glutMainLoop();

// 释放内存
// 实际上,glutMainLoop 函数永远不会返回, 这里也永远不会到达
// 这里写释放内存只是出于一种个人习惯
// 不用担心内存无法释放。在程序结束时操作系统会自动回收所有内存
free(PixelData);
```

```
        return 0;
    }
```

OpenGL 在绘制像素之前，可以对像素进行若干处理。最常用的可能就是对整个像素图像进行放大、缩小。使用 glPixelZoom() 来设置放大、缩小的系数，该函数有 2 个参数，分别是水平方向系数和垂直方向系数。例如，设置 "glPixelZoom(0.5f, 0.8f);" 则表示水平方向变为原来的 50% 大小，而垂直方向变为原来的 80% 大小。甚至可以使用负的系数，使得整个图像进行水平方向或垂直方向的翻转。默认像素从左绘制到右，但翻转后将从右绘制到左。默认像素从下绘制到上，但翻转后将从上绘制到下。因此，glRasterPos*() 函数设置的"开始位置"不一定就是矩形的左下角。

4. 像素拷贝 glCopyPixels() 示例

从效果上看，glCopyPixels() 进行像素复制的操作，等价于把像素读取到内存，再从内存绘制到另一个区域，因此可以通过 glReadPixels() 和 glDrawPixels() 组合来实现复制像素的功能。然而，像素数据通常数据量很大，例如一幅 1024 × 768 的图像，如果使用 24 位 BGR 方式表示，则需要至少 1024 × 768 × 3 byte，即 2.25 Mb。这么多的数据要进行一次读操作和一次写操作，并且因为在 glReadPixels() 和 glDrawPixels() 中设置的数据格式不同，很可能涉及数据格式的转换，这对 CPU 无疑是一个不小的负担。使用 glCopyPixels() 直接从像素数据复制出新的像素数据，避免了多余的数据的格式转换，并且也可能减少一些数据复制操作。数据可能直接由显卡负责复制，不需要经过主内存，因此效率比较高。

glCopyPixels() 函数也通过 glRasterPos*() 系列函数来设置绘制的位置，因为不涉及主内存，所以不需要指定数据在内存中的格式，也不需要使用任何指针。

glCopyPixels() 函数有 5 个参数，第 1、2 个参数表示复制像素来源的矩形的左下角坐标，第 3、4 个参数表示复制像素来源的矩形宽度和高度，第 5 个参数通常使用 GL_COLOR，表示复制像素的颜色，但也可以是 GL_DEPTH 或 GL_STENCIL，分别表示复制深度缓冲数据或模板缓冲数据。

而 glDrawPixels()和 glReadPixels()中设置的各种操作,如 glPixelZoom()等,在 glCopyPixels()函数中同样有效。

下面的示例是绘制一个三角形后,复制像素,并同时进行水平和垂直方向的翻转,然后缩小为原来的一半,并绘制。绘制完毕,调用前面的 grab 函数,将屏幕中所有内容保存为 grab.bmp。其中,WindowWidth 和 WindowHeight 是表示窗口宽度和高度的常量。

```
void myDisplay(void)
{
    glClear(GL_COLOR_BUFFER_BIT);
    glBegin(GL_TRIANGLES);
        glColor3f(1.0f, 0.0f, 0.0f);    glVertex2f(0.0f, 0.0f);
        glColor3f(0.0f, 1.0f, 0.0f);    glVertex2f(1.0f, 0.0f);
        glColor3f(0.0f, 0.0f, 1.0f);    glVertex2f(0.5f, 1.0f);
    glEnd();
    glPixelZoom(-0.5f, -0.5f);
    glRasterPos2i(1, 1);
    glCopyPixels(WindowWidth/2, WindowHeight/2,
        WindowWidth/2, WindowHeight/2, GL_COLOR);
    // 完成绘制,并抓取图像保存为 BMP 文件
    glutSwapBuffers();
    grab();
}
```

4.1.3 地图矢量化示例

使用者根据自身需求,可以将 ArcGIS 软件 Online Sever 中的遥感卫星影像或者谷歌、高德、百度、天地图中的影像地图等作为底图,对用户感兴趣地点(point)、道路与河流(line)、房屋建筑物(polygon)等地物轮廓进行点、线、面数据的矢量化操作。重要的环节就是在数字化以前加载影像。

1. 先定义点、线、面的数据结构

struct Ppoint

```
{
    GLfloat x,y;
};

struct LPoint
{
    GLint x,y;
    bool drawing;
};

class polygon //多边形类，存了一个多边形
{
public:
    vector<Ppoint> p; //多边形的顶点
};
```

2. 定义点线面的存储方式

```
typedef struct XET
{
    float x;
    float dx,ymax;
    struct XET* next;
} AET,NET;
```

```
vector<Ppoint> p;          //多边形点集向量
vector<polygon> s;          //多边形类向量，用来保存已经画完的多边形
int move_x,move_y;          //鼠标当前坐标值，在鼠标移动动态画线时使用
bool SELECT = false;        //多边形封闭状态判断变量
```

3. 数字化中鼠标的动作和移动信息

```
int a=0,b=0,c=0,d=0,e=0,f=0,g=0;          //a-g 表示顶点数组索引
```

```
void myMouse(int button,int state,int x,int y)
{
    if(nSelected == POINTdiamond)
    {
        if(button == GLUT_LEFT_BUTTON && state == GLUT_DOWN)
        {
            point_diamond[a].x = x;
            point_diamond[a].y = height - y;
            a++;
        }
    }
    if(nSelected == POINTrectangle)
    {
        if(button == GLUT_LEFT_BUTTON && state == GLUT_DOWN)
        {
            point_rectangle[b].x = x;
            point_rectangle[b].y = height - y;
            b++;
        }

    }
    if(nSelected == POINTtriangle)
    {
        if(button == GLUT_LEFT_BUTTON && state == GLUT_DOWN)
        {
            point_triangle[c].x = x;
            point_triangle[c].y = height - y;
            c++;
        }
    }
    if(nSelected == LINEsolid)
```

```
{
    if(button == GLUT_LEFT_BUTTON && state == GLUT_DOWN)
    {
        Psolid[d].x=x;
        Psolid[d].y=height - y;
        d++;
        Psolid[d].drawing=true;
    }
    if(button == GLUT_LEFT_BUTTON && state == GLUT_UP)
    {
        Psolid[d].x=x;
        Psolid[d].y=height - y;
        d++;
        Psolid[d].drawing=true;
    }
    if(button == GLUT_MIDDLE_BUTTON && state == GLUT_DOWN)
    {
        Psolid[d].drawing=false;
    }
}
if(nSelected == LINEdash)
{
    if(button == GLUT_LEFT_BUTTON && state == GLUT_DOWN)
    {
        Pdash[e].x=x;
        Pdash[e].y=height - y;
        e++;
        Pdash[e].drawing=true;
    }
    if(button == GLUT_LEFT_BUTTON && state == GLUT_UP)
    {
```

```
                    Pdash[e].x=x;
                    Pdash[e].y=height - y;
                    e++;
                    Pdash[e].drawing=true;
                }
                if(button == GLUT_MIDDLE_BUTTON && state == GLUT_DOWN)
                {
                    Pdash[e].drawing=false;
                }
            }
            if(nSelected == LINEdashsolid)
            {
                if(button == GLUT_LEFT_BUTTON && state == GLUT_DOWN)
                {
                    Pdashsolid[f].x=x;
                    Pdashsolid[f].y=height - y;
                    f++;
                    Pdashsolid[f].drawing=true;
                }
                if(button == GLUT_LEFT_BUTTON && state == GLUT_UP)
                {
                    Pdashsolid[f].x=x;
                    Pdashsolid[f].y=height - y;
                    f++;
                    Pdashsolid[f].drawing=true;
                }
                if(button == GLUT_MIDDLE_BUTTON && state == GLUT_DOWN)
                {
                    Pdashsolid[f].drawing=false;
                }
            }
```

```
    if(nSelected == POLYGON)
    {
        /*if(button == GLUT_LEFT_BUTTON && state == GLUT_DOWN)
                                            //鼠标按下
        {
        Ppolygon[g].x = x;
        Ppolygon[g].y = height - y;
        g++;
        }*/
        if(button == GLUT_LEFT_BUTTON && state == GLUT_DOWN)
        {
            Ppoint v;
            //申请一个点类变量，点类为自定义类，在 zl.h 中定义
            v.x = x;
                        //将点击处的点坐标，即 x 和 y 的值存入 v 中
            v.y = height - y;
            p.push_back(v);     //将点信息存入多边形点集向量 p 中
            //glutPostRedisplay();
        }
        if(state == GLUT_DOWN && button == GLUT_MIDDLE_BUTTON)
                                        //当鼠标中键被点击
        {
            SELECT = true;
            glutPostRedisplay();            //重绘窗口
        }
    }
    glutPostRedisplay();
}

void myMotion(int x,int y)
{
```

```
if(nSelected == POINTdiamond)
{
    point_diamond[a].x = x;
    point_diamond[a].y = height - y;

}
if(nSelected == POINTrectangle)
{
    point_rectangle[b].x = x;
    point_rectangle[b].y = height - y;

}
if(nSelected == POINTtriangle)
{
    point_triangle[c].x = x;
    point_triangle[c].y = height - y;
}
if(nSelected == LINEdash)
{
    Pdash[d].x=x;
    Pdash[d].y=height-y;
}
if(nSelected == LINEsolid)
{
    Pdash[e].x=x;
    Pdash[e].y=height-y;
}
if(nSelected == LINEdashsolid)
{
    Pdash[f].x=x;
    Pdash[f].y=height-y;
```

```
    }
    if(nSelected == POLYGON)
    {
        v.x = x;
        v.y = height - y;
    }

    glutPostRedisplay();
}
```

4. 数字化符号

根据不同类型，分别符号化不同地物。其中，线形绘制和保存如下：

```
void drawSolidLine()
{
    glColor3f(1.0,0.0,0.0);
    glLineWidth(2.0);
    for(int i = 0;i < d;i++)
    {
        if(Psolid[i].drawing==true)
        {
            glBegin(GL_LINES);
            glVertex2f(Psolid[i].x,Psolid[i].y);
            glVertex2f(Psolid[i-1].x,Psolid[i-1].y);
            glEnd();
        }
    }
}

void SaveLineSolid()
{
    FILE* pfiLe;
    char fileName[] = "LINE_solid.txt";
```

```
pfiLe = fopen(fileName, "wb");
if(pfiLe == NULL)
{
    pfiLe = fopen(fileName, "wb");
}
fwrite(Psolid,sizeof(int),sizeof(Psolid),pfiLe);
fclose(pfiLe);
}
```

这样，在一张遥感影像底图上面可以实现有点、线、面等符号的数字化，如图 4.1.2 和图 4.1.3 所示。

图 4.1.2　面状要素绘制

图 4.1.3　面状要素填充

思考

（1）写一个工程，切换显示一幅彩色图片的红、绿、蓝通道图像。

（2）写一个矢量化地图的工程。

4.2　纹　理

提示：一定程度上，没有纹理就没有三维建模效果。大场景设计中，一些环境部件用纹理渲染可大幅度降低建模成本。如同其他管线，纹理也有定义纹理、绑定纹理、设置参数、指定纹理坐标、调用等系列步骤。

　　基础的像素操作，意味着可以使用各种各样的 BMP 文件来丰富程序的显示效果，OpenGL 图形程序也不再像以前总是只显示几个多边形那样单调了。虽然可以将像素数据按照矩形进行缩小和放大，但是还不足以满足我们的要求。例如，要将一幅世界地图绘制到一个球体表面，只使用 glPixelZoom()这样的函数来进行缩放显然是不够的。OpenGL 纹理映射功能支持将一些像素数据经过变换（即使是比较不规则的变换）将其附着到各种形状的多边形表面，达到进一步模拟真实场景的效果。

　　二维纹理在坐标为(s,t)的二维空间中描述，该空间称为纹理空间。该空间中的坐标称为纹理坐标，而此描述可以用数学函数解析表达，也可以用各种数字化图像来离散定义。纹理映射就是将纹理空间中的纹理单元（texel）映射到屏幕空间中的像素的过程，如图 4.2.1 所示。

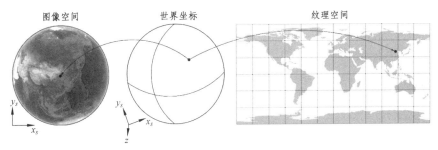

图 4.2.1　纹理映射

　　纹理映射功能十分强大，利用它可以实现目前计算机动画中的大多数效果，但是它相对比较复杂。图 4.2.2（a）、（b）是需要的纹理，图 4.2.2（c）是使用 OpenGL 纹理后的效果。

　　并且，纹理映射只能在 RGBA 方式下执行，不能运用于颜色表方式。

（a）

（b）

（c）

图 4.2.2　图像与 OpenGL 纹理使用效果

4.2.1　启用纹理和载入纹理

OpenGL 是一个状态机，就像光照、混合等功能一样，在使用纹理前，必须先启用它。OpenGL 支持一维纹理、二维纹理和三维纹理，这里主要介绍二维纹理。可以使用以下语句来启用和禁用二维纹理：

glEnable(GL_TEXTURE_2D);　　// 启用二维纹理

glDisable(GL_TEXTURE_2D);　　// 禁用二维纹理

使用纹理前，还必须载入纹理。利用 glTexImage2D()函数可以载入一个二维的纹理，该函数有多达 9 个参数。现在分别说明如下：

第 1 个参数为指定的目标，二维表面经常使用 GL_TEXTURE_2D。

第 2 个参数为"多重细节层次"。当图像分辨率小于所绘制区域的分辨率时，会出现一种很常见的伪影。在这种情况下，需要拉伸图像以覆盖整个区域，就会变得模糊（并且可能变形）。使用多级渐远纹理贴图技术可以在很大程度上校正这一类的采样误差伪影，它需要用各种分辨率创建纹理图像的不同版本。然后，OpenGL 使用最适合正在处理的这一点处的分辨率的纹理图像进行纹理贴图。如果不考虑多重纹理细节，因此这个参数设置为零。

第 3 个参数有两种用法：如像素数据用 RGB 颜色表示，总共有红、绿、蓝 3 个值，参数可设置为 3；如果像素数据是用 RGBA 颜色表示，总共有红、绿、蓝、alpha 4 个值，参数则设置为 4。或直接使用 GL_RGB 或 GL_RGBA 来表示以上情况，显得更直观。虽然使用 Windows 的 BMP 文件作为纹理时，一般是蓝色的像素在最前，其真实的格式为 GL_BGR 而不是 GL_RGB，在数据的顺序上有所不同，但因为同样是红、绿、蓝 3 种颜色，因此这里仍然使用 GL_RGB。如使用 GL_BGR，OpenGL 将无法识别这个参数，造成错误。

第 4、5 个参数是二维纹理像素的宽度和高度。需要注意，OpenGL 曾经限制纹理的大小必须是 2 的整数次方，即纹理的宽度和高度只能是 16、32、64、128、256 等值，因此在纹理图像显示不正常时可尝试把图像修改成 2 的整数次方。在使用纹理时要特别注意其大小，尽量使用大小为 2 的整数次方的纹理，当这个要求无法满足时，可使用 gluScaleImage()函数把图像缩放至所指定的大小。另外，OpenGL 限制了纹理大小的最大值。例如，一个绘图程序中可能要求纹理最大不能超过 1 024 × 1 024。可以使用如下的代码来获得 OpenGL 所支持的最大纹理：

GLint max;
glGetIntegerv(GL_MAX_TEXTURE_SIZE, &max);

这样 max 的值就是当前 OpenGL 实现中所支持的最大纹理。

第 6 个参数是纹理边框的大小。这里没有使用纹理边框，因此设置为零。

最后 3 个参数与 glDrawPixels()函数的最后三个参数的使用方法相同，其含义可以参考 glReadPixels()的最后 3 个参数。

举个例子，如果有一幅大小为 width × height，格式为 Windows 系统中使用最普遍的 24 位 BGR，保存在 pixels 中的像素图像。则把这样一幅图像载入为纹理可使用以下代码：

glTexImage2D(GL_TEXTURE_2D, 0, GL_RGB, width, height, 0,
                GL_BGR_EXT, GL_UNSIGNED_BYTE, pixels);

载入纹理的过程可能比较慢，因为纹理数据通常比较大，例如一幅 512 × 512 的 BGR 格式的图像，大小为 0.75 M。把这些像素数据从主内存传送到专门的图形硬件，这个过程中还可能需要把程序中所指定的像素格式转化为图形硬件所能识别的格式（或最能发挥图形硬件性能的格式），这些操作都会耗费较多的时间。

4.2.2　纹理坐标

当绘制一个三角形时，只需要指定三个顶点的颜色。三角形中其他各点的颜色不需要指定，这些点的颜色由 OpenGL 通过计算得到。OpneGL 光照中法线向量、材质的指定，也只需要在顶点处指定即可，其他地方的法线向量和材质都是 OpenGL 自己通过计算去获得。

纹理的使用方法也与此类似。只要指定每个顶点在纹理图像中所对应的像素位置，OpenGL 就会自动计算顶点以外的其他点在纹理图像中所对应的像素位置。

在绘制一条线段时，设置其中一个端点为红色，另一个端点为绿色，则 OpenGL 会自动计算线段中其他各像素的颜色，如果是使用"glShadeMode(GL_SMOOTH);"，则最终会形成一种渐变的效果（如线段中点，就是红色和绿色的中间色）。

类似地，在绘制一条线段时，把其中一个端点使用"纹理图像中最左下角的颜色"作为它的颜色，另一个端点使用"纹理图像中最右上角的颜色"作为它的颜色，则 OpenGL 会自动在纹理图像中选择合适位置的颜色，填充到线段的各个像素（如线段中点，可能就是选择纹理图像中央的那个像素的颜色）。

需要一种精确的方式来表示究竟使用纹理中的哪个像素，纹理坐标也就是因为这样的要求而产生的。以二维纹理为例，规定纹理最左下角的坐标为（0，0），最右上角的坐标为（1，1），于是纹理中的每一个像素的位置都可以用两个浮点数来表示（三维纹理会用 3 个浮点数表示，一维纹理则只用 1 个即可），如图 4.2.3 所示。

使用 glTexCoord*()系列函数来指定纹理坐标。这些函数的用法与使用 glVertex*()系列函数来指定顶点坐标十分相似。例如，"glTexCoord2f (0.0f, 0.0f);"指定使用(0, 0)纹理坐标，如图 4.2.4 所示。

通常，每个顶点使用不同的纹理，指定纹理坐标位置类似下面这样的代码。

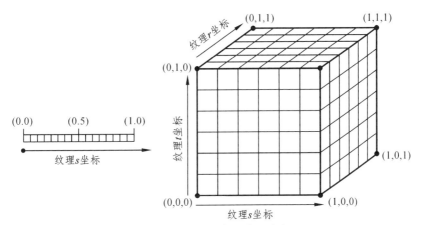

图 4.2.3 不同维度的纹理坐标

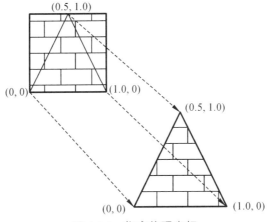

图 4.2.4 指定纹理坐标

```
glBegin( /* ... */ );
    glTexCoord2f( /* ... */ );  glVertex3f( /* ... */ );
    glTexCoord2f( /* ... */ );  glVertex3f( /* ... */ );
    /* ... */
glEnd();
```

当使用一个坐标表示顶点在三维空间的位置时，是用 glRotate*()等函数来对坐标进行转换。纹理坐标也可以进行这种转换。只要使用"glMatrixMode(GL_TEXTURE);"，就可以切换到纹理矩阵（另外，还有透视矩阵 GL_PROJECTION 和模型视图矩阵 GL_MODELVIEW），然后 glRotate*(), glScale*(), glTranslate*()等操作矩阵的函数就可以用来对纹理坐标进行转换的处理。

4.2.3　纹理参数

在使用纹理前还必须设置一些纹理参数。调用 glTexParameter*()系列函数来设置纹理参数，通常需要设置下面 4 个参数。

GL_TEXTURE_MAG_FILTER：指当纹理图像被使用到一个大于它的形状上时，应该如何处理。有可能纹理图像中的一个像素会被应用到实际绘制时的多个像素。例如，将一幅 256×256 的纹理图像应用到一个 512×512 的正方形。可选择的设置有 GL_NEAREST 和 GL_LINEAR，前者使用纹理中坐标最接近的一个像素的颜色作为需要绘制的像素颜色，后者使用纹理中坐标最接近的若干个颜色，通过加权平均算法得到需要绘制的像素颜色。前者只经过简单比较，需要运算较少，可能速度较快，后者需要经过加权平均计算，其中涉及除法运算，可能速度较慢。从视觉效果上看，前者效果较差，在一些情况下锯齿现象明显，后者效果会较好。但如果纹理图像本身比较大，则两者在视觉效果上就会比较接近。

GL_TEXTURE_MIN_FILTER：指当纹理图像被使用到一个小于或等于它的形状上时的处理方法。可能纹理图像中的多个像素被应用到实际绘制时的一个像素。例如，将一幅 256×256 的纹理图像应用到一个 128×128 的正方形。可选择的设置有 GL_NEAREST, GL_LINEAR, GL_NEAREST_MIPMAP_NEAREST, GL_NEAREST_MIPMAP_LINEAR, GL_LINEAR_MIPMAP_NEAREST 和 GL_LINEAR_MIPMAP_LINEAR。后 4 个涉及 mipmap 多级渐远纹理设置。前两个选项则和 GL_TEXTURE_MAG_FILTER 中的类似。

GL_TEXTURE_WRAP_S：指当纹理坐标的第一维坐标值大于 1.0 或小于 0.0 时，应该如何处理。基本的选项有 GL_CLAMP 和 GL_REPEAT，前者采用截断，即超过 1.0 的按 1.0 处理，不足 0.0 的按 0.0 处理。后者采用重复，即对坐标值加上一个合适的整数（可以是正数或负数），得到一个在[0.0, 1.0]范围内的值，然后用这个值作为新的纹理坐标。例如，某二维纹理，在绘制某形状时，一像素需要得到纹理中坐标为（3.5, 0.5）的像素的颜色，其中第一维的坐标值 3.5 超过了 1.0，则在 GL_CLAMP 方式中将被转化为（1.0, 0.5），在 GL_REPEAT 方式中将被转化为（0.5, 0.5）。如果不指定这个参数，则默认为 GL_REPEAT。

GL_TEXTURE_WRAP_T：指当纹理坐标的第二维坐标值大于 1.0 或小于 0.0 时，应该如何处理。选项与 GL_TEXTURE_WRAP_S 类似。如果不指定这个参数，则默认为 GL_REPEAT。

设置参数的代码如下所示：

glTexParameteri(GL_TEXTURE_2D, GL_TEXTURE_WRAP_S, GL_RE PEAT);

4.2.4 纹理对象

载入一幅纹理花费的时间可能比较多，应该尽量减少载入纹理的次数。如果只有一幅纹理，则应该在第一次绘制前就载入它，以后就不需要再次载入了。这点与 glDrawPixels() 函数很不相同。每次使用 glDrawPixels() 函数，都需要把像素数据重新载入一次，因此用 glDrawPixels() 函数来反复绘制图像的效率较低，使用纹理来反复绘制图像是可取的做法。

但在每次绘制时要使用两幅或更多幅的纹理时，这个办法就行不通了。此时可能会编写的代码如下：

glTexImage2D(/* ... */);　　　　　// 载入第一幅纹理
// 使用第一幅纹理
glTexImage2D(/* ... */);　　　　　// 载入第二幅纹理
// 使用第二幅纹理
// 当纹理的数量增加时，这段代码会变得更加复杂

在绘制动画时，由于每秒需要将画面绘制数十次，因此如果使用上面的代码，就会反复载入纹理，这对计算机是非常大的负担，可能无法让动画流畅运行。因此，需要有一种机制，能够在不同的纹理之间进行快速切换。

纹理对象正是这样一种机制。可以把每一幅纹理放在一个纹理对象中，这个对象包含了纹理像素数据、纹理大小和纹理参数等信息。通过创建多个纹理对象来达到同时保存多幅纹理的目的。并且，在第一次使用纹理前，载入所有的纹理，而在绘制时只需要指明究竟使用哪一个纹理对象就可以了。

使用纹理对象和使用显示列表的相似之处是，使用一个正整数来作为纹理对象的编号。在使用前，可以调用 glGenTextures()来分配纹理对象。该函数有两种比较常见的用法：

GLuint texture_ID;
glGenTextures(1, &texture_ID);　　　　// 分配一个纹理对象的编号
或者：
GLuint texture_ID_list[5];
glGenTextures(5, texture_ID_list);　　　// 分配 5 个纹理对象的编号

0 是一个特殊的纹理对象编号，即默认纹理对象。通常，glGenTextures()不会分配这个编号。glDeleteTextures()用于销毁一个纹理对象。

分配纹理对象编号后，使用 glBindTexture()函数来指定"当前所使用的纹理对象"。有两个参数，第一个参数是需要使用纹理的目标，如二维纹理指定为 GL_TEXTURE_2D，第二个参数是所使用的纹理的编号。

绑定纹理对象后，就可以使用 glTexImage*()函数来指定纹理像素、用 glTexParameter*()函数来指定纹理参数、使用 glTexCoord*()函数来指定纹理坐标了。如未使用 glBindTexture()函数，那么 glTexImage*()、glTexParameter*()、glTexCoord*()系列函数会默认在一个编号为 0 的纹理对象上进行操作。

使用多个纹理对象，可以让 OpenGL 同时保存多个纹理。使用时调用 glBindTexture()函数在不同纹理之间进行切换，而不需要反复载入纹理，因此动画的绘制速度会有非常明显的提升。典型的代码如下所示：

```
// 在程序开始时：分配好纹理编号，并载入纹理
glGenTextures( /* ... */ );
glBindTexture(GL_TEXTURE_2D, texture_ID_1);
// 载入第一幅纹理
glBindTexture(GL_TEXTURE_2D, texture_ID_2);
// 载入第二幅纹理

// 在绘制时,切换并使用纹理,不需要再进行载入
glBindTexture(GL_TEXTURE_2D, texture_ID_1);   // 指定第一幅纹理
// 使用第一幅纹理
```

```
glBindTexture(GL_TEXTURE_2D, texture_ID_2);    // 指定第二幅纹理
// 使用第二幅纹理
```

4.2.5 纹理使用示例

下面介绍如何实现本节开始时展示的纹理效果。

因为代码比较长，这里拆分成三段，编译时应把三段代码按顺序连在一起编译。程序运行还要有一个名称为 dummy.bmp，图像大小为 1×1 的 24 位 BMP 文件，另外把两幅纹理图片保存到正确位置，一幅名叫 ground.bmp，另一幅名叫 wall.bmp。

第一段代码如下。其中的 grab()函数可采用上一节中的代码，目的是将最终效果图保存到一个名字叫 grab.bmp 的文件中。

```
#define WindowWidth  400
#define WindowHeight 400
#define WindowTitle  "OpenGL 纹理测试"

#include <gl/glut.h>
#include <stdio.h>
#include <stdlib.h>

/* 函数 grab
 * 抓取窗口中的像素
 * 假设窗口宽度为 WindowWidth,高度为 WindowHeight    */

#define BMP_Header_Length 54
void grab(void)
{
    FILE*    pDummyFile;
    FILE*    pWritingFile;
    GLubyte* pPixelData;
    GLubyte  BMP_Header[BMP_Header_Length];
    GLint    i, j;
```

```
        GLint    PixelDataLength;

        // 计算像素数据的实际长度
        i = WindowWidth * 3;  // 得到每一行的像素数据长度
        while( i%4 != 0 )     // 补充数据，直到 i 是 4 的倍数
            ++i;              // 本来还有更快的算法，
                             // 但这里仅追求直观，对速度没有太高要求
        PixelDataLength = i * WindowHeight;

        // 分配内存和打开文件
        pPixelData = (GLubyte*)malloc(PixelDataLength);
        if( pPixelData == 0 )
            exit(0);

        pDummyFile = fopen("dummy.bmp", "rb");
        if( pDummyFile == 0 )
            exit(0);

        pWritingFile = fopen("grab.bmp", "wb");
        if( pWritingFile == 0 )
            exit(0);

        // 读取像素
        glPixelStorei(GL_UNPACK_ALIGNMENT, 4);
        glReadPixels(0, 0, WindowWidth, WindowHeight,
            GL_BGR_EXT, GL_UNSIGNED_BYTE, pPixelData);

        // 把 dummy.bmp 的文件头复制为新文件的文件头
        fread(BMP_Header, sizeof(BMP_Header), 1, pDummyFile);
        fwrite(BMP_Header, sizeof(BMP_Header), 1, pWritingFile);
        fseek(pWritingFile, 0x0012, SEEK_SET);
```

```
    i = WindowWidth;
    j = WindowHeight;
    fwrite(&i, sizeof(i), 1, pWritingFile);
    fwrite(&j, sizeof(j), 1, pWritingFile);

    // 写入像素数据
    fseek(pWritingFile, 0, SEEK_END);
    fwrite(pPixelData, PixelDataLength, 1, pWritingFile);

    // 释放内存和关闭文件
    fclose(pDummyFile);
    fclose(pWritingFile);
    free(pPixelData);
}
```

第二段代码是纹理的重点，它包括两个函数。其中，power_of_two()比较简单。另一个函数 load_texture()值得注意，依次打开 BMP 文件，读取其中的高度和宽度信息，计算像素数据所占的字节数，为像素数据分配空间，读取像素数据，对像素图像进行缩放，分配新的纹理编号，填写纹理参数以及载入纹理，所有的功能都在这个函数里面完成。

```
/* 函数 power_of_two
 * 检查一个整数是否为 2 的整数次方，如果是，返回 1，否则返回 0
 * 实际上只要查看其二进制位中有多少个，如果正好有 1 个，返回 1，
否则返回 0
 * 在 "查看其二进制位中有多少个" 时使用了一个小技巧
 * 使用 n &= (n-1)可以使得 n 中的减少一个(具体原理大家可以自己思考) */
int power_of_two(int n)
{
    if( n <= 0 )
        return 0;
    return (n & (n-1)) == 0;
}
```

```
/* 函数 load_texture
 * 读取一个 BMP 文件作为纹理
 * 如果失败, 返回 0, 如果成功, 返回纹理编号
 */
GLuint load_texture(const char* file_name)
{
    GLint width, height, total_bytes;
    GLubyte* pixels = 0;
    GLuint last_texture_ID, texture_ID = 0;

    // 打开文件, 如果失败, 返回
    FILE* pFile = fopen(file_name, "rb");
    if( pFile == 0 )
        return 0;

    // 读取文件中图像的宽度和高度
    fseek(pFile, 0x0012, SEEK_SET);
    fread(&width, 4, 1, pFile);
    fread(&height, 4, 1, pFile);
    fseek(pFile, BMP_Header_Length, SEEK_SET);

    // 计算每行像素所占字节数, 并根据此数据计算总像素字节数
    {
        GLint line_bytes = width * 3;
        while( line_bytes % 4 != 0 )
            ++line_bytes;
        total_bytes = line_bytes * height;
    }

    // 根据总像素字节数分配内存
```

```
pixels = (GLubyte*)malloc(total_bytes);
if( pixels == 0 )
{
    fclose(pFile);
    return 0;
}

// 读取像素数据
if( fread(pixels, total_bytes, 1, pFile) <= 0 )
{
    free(pixels);
    fclose(pFile);
    return 0;
}

// 在旧版本的 OpenGL 中，如图像的宽度和高度不是 4 的整数次方
就需要进行缩放
// 这里并没有检查 OpenGL 版本，出于对版本兼容性的考虑，按旧
版本处理
// 当图像的宽度和高度超过当前 OpenGL 实现所支持的最大值时，
也要进行缩放
{
    GLint max;
    glGetIntegerv(GL_MAX_TEXTURE_SIZE, &max);
    if( !power_of_two(width)
    || !power_of_two(height)
    || width > max
    || height > max )
    {
        const GLint new_width = 256;
        const GLint new_height = 256;    // 规定缩放后新的大小为边长的正方形
```

```
GLint new_line_bytes, new_total_bytes;
GLubyte* new_pixels = 0;

// 计算每行需要的字节数和总字节数
new_line_bytes = new_width * 3;
while( new_line_bytes % 4 != 0 )
    ++new_line_bytes;
new_total_bytes = new_line_bytes * new_height;

// 分配内存
new_pixels = (GLubyte*)malloc(new_total_bytes);
if( new_pixels == 0 )
{
    free(pixels);
    fclose(pFile);
    return 0;
}

// 进行像素缩放
gluScaleImage(GL_RGB,
    width, height, GL_UNSIGNED_BYTE, pixels,
    new_width, new_height, GL_UNSIGNED_BYTE, new_pixels);

// 释放原来的像素数据，把 pixels 指向新的像素数据，并重新
设置 width 和 height
    free(pixels);
    pixels = new_pixels;
    width = new_width;
    height = new_height;
    }
}
```

```
// 分配一个新的纹理编号
glGenTextures(1, &texture_ID);
if( texture_ID == 0 )
{
    free(pixels);
    fclose(pFile);
    return 0;
}
```

```
// 绑定新的纹理，载入纹理并设置纹理参数
// 在绑定前，先获得原来绑定的纹理编号，以便在最后进行恢复
glGetIntegerv(GL_TEXTURE_BINDING_2D, (GLint*)&last_texture_ID);
glBindTexture(GL_TEXTURE_2D, texture_ID);
    glTexParameteri(GL_TEXTURE_2D, GL_TEXTURE_MIN_FILTER,
GL_LINEAR);
    glTexParameteri(GL_TEXTURE_2D, GL_TEXTURE_MAG_FILTER,
 GL_LINEAR);
    glTexParameteri(GL_TEXTURE_2D, GL_TEXTURE_WRAP_S, GL_
REPEAT);
    glTexParameteri(GL_TEXTURE_2D, GL_TEXTURE_WRAP_T, GL_
REPEAT);
    glTexEnvf(GL_TEXTURE_ENV, GL_TEXTURE_ENV_MODE, GL_
REPLACE);
    glTexImage2D(GL_TEXTURE_2D, 0, GL_RGB, width, height, 0,
        GL_BGR_EXT, GL_UNSIGNED_BYTE, pixels);
    glBindTexture(GL_TEXTURE_2D, last_texture_ID);
```

```
// 之前为 pixels 分配的内存可在使用 glTexImage2D 以后释放
// 因为此时像素数据已经被 OpenGL 另行保存了一份（可能被保存
到专门的图形硬件中）
```

```
    free(pixels);
    return texture_ID;
}
```

第三段代码是关于显示的部分，以及 main 函数。注意，我们只在 main 函数中读取了两幅纹理，并把它们保存在各自的纹理对象中，以后就再也没有载入纹理。每次绘制时使用 glBindTexture() 在不同的纹理对象中切换。另外，程序中使用了超过 1.0 的纹理坐标，由于 GL_TEXTURE_WRAP_S 和 GL_TEXTURE_WRAP_T 参数都被设置为 GL_REPEAT，所以得到的效果就是纹理像素的重复，有点像地板砖的花纹那样。可以试着修改 "墙" 的纹理坐标，将 5.0 修改为 10.0，看看效果有什么变化。

```
// 两个纹理对象的编号
GLuint texGround;
GLuint texWall;

void display(void)
{
    glClear(GL_COLOR_BUFFER_BIT | GL_DEPTH_BUFFER_BIT);

    // 设置视角
    glMatrixMode(GL_PROJECTION);
    glLoadIdentity();
    gluPerspective(75, 1, 1, 21);
    glMatrixMode(GL_MODELVIEW);
    glLoadIdentity();
    gluLookAt(1, 5, 5, 0, 0, 0, 0, 0, 1);

    // 使用 "地" 纹理绘制土地
    glBindTexture(GL_TEXTURE_2D, texGround);
    glBegin(GL_QUADS);
        glTexCoord2f(0.0f, 0.0f); glVertex3f(-8.0f, -8.0f, 0.0f);
        glTexCoord2f(0.0f, 5.0f); glVertex3f(-8.0f, 8.0f, 0.0f);
```

```
    glTexCoord2f(5.0f, 5.0f); glVertex3f(8.0f, 8.0f, 0.0f);
    glTexCoord2f(5.0f, 0.0f); glVertex3f(8.0f, -8.0f, 0.0f);
  glEnd();
  // 使用"墙"纹理绘制栅栏
  glBindTexture(GL_TEXTURE_2D, texWall);
  glBegin(GL_QUADS);
    glTexCoord2f(0.0f, 0.0f); glVertex3f(-6.0f, -3.0f, 0.0f);
    glTexCoord2f(0.0f, 1.0f); glVertex3f(-6.0f, -3.0f, 1.5f);
    glTexCoord2f(5.0f, 1.0f); glVertex3f(6.0f, -3.0f, 1.5f);
    glTexCoord2f(5.0f, 0.0f); glVertex3f(6.0f, -3.0f, 0.0f);
  glEnd();

  // 旋转后再绘制一个
  glRotatef(-90, 0, 0, 1);
  glBegin(GL_QUADS);
    glTexCoord2f(0.0f, 0.0f); glVertex3f(-6.0f, -3.0f, 0.0f);
    glTexCoord2f(0.0f, 1.0f); glVertex3f(-6.0f, -3.0f, 1.5f);
    glTexCoord2f(5.0f, 1.0f); glVertex3f(6.0f, -3.0f, 1.5f);
    glTexCoord2f(5.0f, 0.0f); glVertex3f(6.0f, -3.0f, 0.0f);
  glEnd();

  glutSwapBuffers();
  grab();
}

int main(int argc, char* argv[])
{
  // GLUT 初始化
  glutInit(&argc, argv);
  glutInitDisplayMode(GLUT_DOUBLE | GLUT_RGBA);
  glutInitWindowPosition(100, 100);
```

```
glutInitWindowSize(WindowWidth, WindowHeight);
glutCreateWindow(WindowTitle);
glutDisplayFunc(&display);

// 在这里做一些初始化
glEnable(GL_DEPTH_TEST);
glEnable(GL_TEXTURE_2D);
texGround = load_texture("ground.bmp");
texWall = load_texture("wall.bmp");

// 开始显示
glutMainLoop();
return 0;
}
```

思考

（1）使用二维纹理有哪些关键步骤？

（2）如何对金字塔模型使用纹理效果？

（3）如何理解纹理在构建场景中的作用？

4.3 光照模型

提示：现代普通显卡已经能够追踪上万次光的反射效果。基于简明的 Phong 模型，依据经验和同类比较，设置合理的法线、环境光（轮廓）、散射光（细节）、高光（立体感）参数是形成良好光照效果的关键。

从生理学的角度上讲，眼睛之所以看见各种物体，是因为光线直接或间接地从它们那里到达了眼睛。人类对于光线强弱变化的反应，比对颜色变化的反应灵敏。因此对于人类而言，光线很大程度上表现了物体的立体感。

图 4.3.1 绘制了两个大小相同的白色球体。右边的没有使用任何光照

效果，看起来就像是一个二维的圆盘，没有立体感。左边的使用了简单的光照效果，通过光影的层次，很容易认为它是一个三维物体。

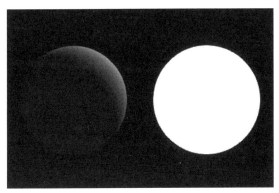

图 4.3.1 　光照效果比较

OpenGL 对于光照效果提供了直接的支持，只需要调用某些函数，便可以实现简单的光照效果。

4.3.1 建立光照模型

在现实生活中，某些物体本身就会发光，如太阳、电灯等，而其他物体虽然不会发光，但可以反射光。这些光通过各种方式传播，最后进入我们的眼睛，于是一幅画面就在大脑中形成了。

就目前的计算机而言，要准确模拟各种光线的传播，这是无法做到的事情。比如，一个四面都是粗糙墙壁的房间，一盏灯发出的光线在很短的时间内就会经过非常多次的反射，最终几乎布满了房间的每一个角落，这一过程即使用目前性能最好的计算机，也无法精确模拟。不过，通常并不需要精确地计算出各种光线，而只需要找到一种近似的计算方式，使它的最终结果让我们的眼睛认为它是真实的，这就可以了。

OpenGL 在处理光照时采用了这种近似模型，把光照系统分为三部分，分别是光源、材质和光照环境。光源就是光的来源，可以是前面所说的太阳或者电灯等。材质是指受光照的各种物体的表面。由于物体如何反射光线只由物体表面决定，材质特点就决定了物体反射光线的特点。光照环境是指一些额外的参数，它们将影响最终的光照画面，如一些光线经过多次反射后，已经无法分清它究竟是由哪个光源发出，这时，指定一个"环境亮度"参数，可以使最后形成的画面更接近于真实情况。

在物理学中，光线如果射入理想的光滑平面，则反射后的光线是很规则的（这样的反射称为镜面反射）。光线如果射入粗糙的、不光滑的平面，则反射后的光线是杂乱的（这样的反射称为漫反射）。现实生活中的物体在反射光线时，并不是绝对的镜面反射或漫反射，但可以看成是这两种反射的叠加。对于光源发出的光线，可以分别设置其经过镜面反射和漫反射后的光线强度。对于被光线照射的材质，也可以分别设置光线经过镜面反射和漫反射后的光线强度。这些因素综合起来，就形成了最终的光照效果。

4.3.2　法线向量

根据光的反射定律，由光的入射方向和入射点的法线就可以得到光的出射方向。因此，对于指定的物体，在指定了光源后，即可计算出光的反射方向，进而计算出光照效果的画面。在 OpenGL 中，法线的方向是用一个向量来表示的。

然而 OpenGL 并不会根据指定的多边形各个顶点就计算出这些多边形所构成的物体的表面的每个点的法线。通常，为了实现光照效果，需要在代码中为每一个顶点指定其法线向量。

指定法线向量的方式与指定颜色的方式有雷同之处。在指定颜色时，只需要指定每一个顶点的颜色，OpenGL 就可以自行计算顶点之间的其他点的颜色。并且，颜色一旦被指定，除非再指定新的颜色，否则以后指定的所有顶点都将以这一向量作为自己的颜色。在指定法线向量时，只需要指定每一个顶点的法线向量，OpenGL 会自行计算顶点之间的其他点的法线向量。并且，法线向量一旦被指定，除非再指定新的法线向量，否则以后指定的所有顶点都将以这一向量作为自己的法线向量。使用 glNormal* 函数就可以指定法线向量。

注意，使用 glTranslate*()函数或者 glRotate*()函数可以改变物体的外观，但法线向量并不会随之改变。然而，使用 glScale*()函数，对每一坐标轴进行不同程度的缩放，很有可能导致法线向量的不正确，虽然 OpenGL 提供了一些措施来修正这一问题，但由此也带来了各种开销。因此，在使用了法线向量的场合，应尽量避免使用 glScale*()函数。即使使用，也最好保证各坐标轴进行等比例缩放。

4.3.3 控制光源

在 OpenGL 中，仅仅支持有限数量的光源。使用 GL_LIGHT0 表示第
0 号光源，GL_LIGHT1 表示第 1 号光源，依此类推。OpenGL 至少支持 8
个光源，即 GL_LIGHT0 到 GL_LIGHT7。使用 glEnable 函数可以开启它们。
例如，"glEnable(GL_LIGHT0);" 可以开启第 0 号光源。使用 glDisable 函
数则可以关闭光源。一些 OpenGL 实现可能支持更多数量的光源，但总的
来说，开启过多的光源将会导致程序运行速度严重下降。一些场景中可能
有成百上千的电灯，这时可能需要采取一些近似的手段来进行编程，否则
计算机可能无法运行。

每一个光源都可以设置其属性，这一动作是通过 glLight*()函数完成的。
void glLight*（GLenum light，GLenum pname，TYPE param）；
它有 3 个参数，第 1 个参数指明是设置哪一个光源的属性，即光源号，如
GL_LIGHT0、GL_LIGHT1、……、GL_LIGHT7。第 2 个参数指明是设置
该光源的哪一个属性，这个参数的辅助信息见表 4.3.1。第 3 个参数则是指
明把该属性值设置成多少，即光源特性值。

表 4.3.1　函数 glLight*()参数 pname 说明

pname 参数名	缺省值	说　　明
GL_AMBIENT	(0.0, 0.0, 0.0, 1.0)	RGBA 模式下环境光
GL_DIFFUSE	(1.0, 1.0, 1.0, 1.0)	RGBA 模式下漫反射光
GL_SPECULAR	(1.0, 1.0, 1.0, 1.0)	RGBA 模式下镜面光
GL_POSITION	(0.0, 0.0, 1.0, 0.0)	光源位置齐次坐标(x,y,z,w)
GL_SPOT_DIRECTION	(0.0, 0.0, -1.0)	点光源聚光方向矢量(x,y,z)
GL_SPOT_EXPONENT	0.0	点光源聚光指数
GL_SPOT_CUTOFF	180.0	点光源聚光截止角
GL_CONSTANT_ATTENUATION	1.0	常数衰减因子
GL_LINER_ATTENUATION	0.0	线性衰减因子
GL_QUADRATIC_ATTENUATION	0.0	平方衰减因子

光源的属性众多，下面仅介绍几个重要的。

（1）GL_AMBIENT、GL_DIFFUSE、GL_SPECULAR 属性。这 3 个属性表示了光源所发出的光的反射特性以及颜色。每个属性由 4 个值表示，分别代表了颜色的 R、G、B、A 值。GL_AMBIENT 表示该光源所发出的光，经过非常多次的反射后，最终遗留在整个光照环境中的强度（颜色）。GL_DIFFUSE 表示该光源所发出的光，照射到粗糙表面时经过漫反射，所得到的光的强度（颜色）。GL_SPECULAR 表示该光源所发出的光，照射到光滑表面时经过镜面反射，所得到的光的强度（颜色）。

（2）GL_POSITION 属性。表示光源所在的位置。由 4 个值(X, Y, Z, W)表示。如果第 4 个值 W 为零，则表示该光源位于无限远处。前 3 个值表示了它所在的方向。这种光源称为方向性光源。通常，太阳可以近似地被认为是方向性光源。如果第 4 个值 W 不为零，则 X/W、Y/W、Z/W 表示了光源的位置。这种光源称为位置性光源。对于位置性光源，设置其位置与设置多边形顶点的方式相似，各种矩阵变换函数如 glTranslate*()、glRotate*()等在这里也同样有效。方向性光源在计算时比位置性光源快很多，因此，在视觉效果允许的情况下，应该尽可能地使用方向性光源。

（3）GL_SPOT_DIRECTION、GL_SPOT_EXPONENT、GL_SPOT_CUTOFF 属性。这些属性只对位置性光源有效，表示将光源作为聚光灯使用。很多光源都是向四面八方发射光线，但有时候一些光源则是只向某个方向发射，如手电筒，只向一个较小的角度发射光线。GL_SPOT_DIRECTION 属性有 3 个值，表示 1 个向量，即光源发射的方向。GL_SPOT_EXPONENT 属性只有 1 个值，表示聚光的程度，为零时表示光照范围内向各方向发射的光线强度相同，为正数时表示光照向中央集中，正对发射方向的位置受到更多光照，其他位置受到较少光照。数值越大，聚光效果就越明显。GL_SPOT_CUTOFF 属性也只有一个值，表示一个角度，它是光源发射光线所覆盖角度的一半（见图 4.3.2），其取值范围为 0 ~ 90，也可以取 180 这个特殊值。取值为 180 时表示光源发射光线覆盖360°，即不使用聚光灯，向全周围发射。

（4）GL_CONSTANT_ATTENUATION、GL_LINEAR_ATTENUATION、GL_QUADRATIC_ATTENUATION 属性。这些属性只对位置性光源有效，表示光源所发出的光线的直线传播特性。现实生活中，光线的强度随着距离的增加而减弱，OpenGL 把这个减弱的趋势抽象成函数：

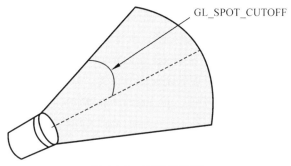

GL_SPOT_CUTOFF

图 4.3.2 聚光灯角度

衰减因子 = 1 / ($k1 + k2 \times d + k3 \times k3 \times d$)

其中 d 表示距离，光线初始强度乘以衰减因子，得到对应距离的光线强度。$k1$、$k2$、$k3$ 分别是 GL_CONSTANT_ATTENUATION，GL_LINEAR_ATTENUATION 和 GL_QUADRATIC_ATTENUATION。通过设置这 3 个常数，就可以模拟光线在传播过程中的减弱趋势。

如果是使用方向性光源，就不会用到上面的后两类属性，问题会简单一些。

4.3.4 控制材质

OpenGL 用材料对光的红、绿、蓝三原色的反射率来近似定义材料的颜色。与光源一样，材料颜色也分成环境、漫反射和镜面反射成分，它们决定了材料对环境光、漫反射光和镜面反射光的反射程度。在进行光照计算时，材料对环境光的反射率与每个进入光源的环境光结合，对漫反射光的反射率与每个进入光源的漫反射光结合，对镜面光的反射率与每个进入光源的镜面反射光结合。对环境光与漫反射光的反射程度决定了材料的颜色，并且它们很相似。

对镜面反射光的反射率通常是白色或灰色（即对镜面反射光中红、绿、蓝的反射率相同）。镜面反射高光最亮的地方将变成具有光源镜面光强度的颜色。例如，一个光亮的红色塑料球，球的大部分表现为红色，光亮的高光将是白色的。

材质与光源相似，也需要设置众多的属性。不同的是，光源是通过 glLight*()函数来设置的，而材质则是通过 glMaterial*()函数来设置的。

void glMaterial{if}[v](GLenum face,GLenum pname,TYPE param);

glMaterial*函数有 3 个参数。第 1 个参数表示指定哪一面的属性，可以是 GL_FRONT、GL_BACK 或者 GL_FRONT_AND_BACK。分别表示设置"正面"或"背面"的材质，或者两面同时设置。第 2、3 个参数与 glLight*() 函数的第 2、3 个参数作用类似。glMaterial*()函数可以指定的材质属性如下。

（1）GL_AMBIENT、GL_DIFFUSE、GL_SPECULAR 属性。这 3 个属性与光源的 3 个对应属性类似，每一属性都由 4 个值组成。GL_AMBIENT 表示各种光线照射到该材质上，经过很多次反射后最终遗留在环境中的光线强度（颜色）。GL_DIFFUSE 表示光线照射到该材质上，经过漫反射后形成的光线强度（颜色）。GL_SPECULAR 表示光线照射到该材质上，经过镜面反射后形成的光线强度（颜色）。通常，GL_AMBIENT 和 GL_DIFFUSE 都取相同的值，可以达到比较真实的效果。使用 GL_AMBIENT_AND_DIFFUSE 可以同时设置 GL_AMBIENT 和 GL_DIFFUSE 属性。

（2）GL_SHININESS 属性。该属性只有 1 个值，称为"镜面指数"，取值范围为 0～128。该值越小，表示材质越粗糙，点光源发射的光线照射到上面，也可以产生较大的亮点。该值越大，表示材质越类似于镜面，光源照射到上面后，产生较小的亮点。

（3）GL_EMISSION 属性。该属性由 4 个值组成，表示 1 种颜色。OpenGL 认为该材质本身就微微地向外发射光线，以至于眼睛感觉到它有这样的颜色，但这光线又比较微弱，以至于不会影响到其他物体的颜色。

（4）GL_COLOR_INDEXES 属性。该属性仅在颜色索引模式下使用，由于颜色索引模式下的光照比 RGBA 模式要复杂，并且使用范围较小，这里不做讨论。

材质的颜色与光源的颜色有些不同。对于光源，R、G、B 值等于 R、G、B 对其最大强度的百分比。若光源颜色的 R、G、B 值都是 1.0，则是最强的白光；若值变为 0.5，颜色仍为白色，但强度为原来的一半，所以表现为灰色；若 $R=G=1.0$，$B=0.0$，则光源为黄色。对于材质，R、G、B 值为材质对光的 R、G、B 成分的反射率。比如，一种材质的 $R=1.0$，$G=0.5$，$B=0.0$，则材质反射全部的红色成分，一半的绿色成分，不反射蓝色成分。也就是说，若 OpenGL 的光源颜色为（LR，LG，LB），材质颜

色为（MR，MG，MB），那么，在忽略所有其他反射效果的情况下，最终
到达眼睛的光的颜色为（LR×MR，LG×MG，LB×MB）。

同样，如果有两束光，相应的值分别为（R1，G1，B1）和（R2，G2，
B2），则 OpenGL 将各个颜色成分相加，得到（R1+R2，G1+G2，B1+B2），
若任一成分的和值大于 1（超出了设备所能显示的亮度）则约简到 1.0。

4.3.5 选择光照模型

这里所说的"光照模型"是 OpenGL 的术语，它相当于前面提到的"光
照环境"。在 OpenGL 中，光照模型包括 4 个部分的内容：全局环境光线（即
那些充分散射，无法分清究竟来自哪个光源的光线）的强度、观察点位置
是在较近位置还是在无限远处、物体正面与背面是否分别计算光照、镜面
颜色（即 GL_SPECULAR 属性所指定的颜色）的计算是否从其他光照计算
中分离出来，并在纹理操作以后再进行应用。

以上 4 方面的内容都通过同一个函数 glLightModel*来进行设置。该
函数有 2 个参数，第 1 个表示要设置的项目，第 2 个参数表示要设置成
的值。

GL_LIGHT_MODEL_AMBIENT 表示全局环境光线强度，由 4 个值组成。

GL_LIGHT_MODEL_LOCAL_VIEWER 表示是否在近处观看，若是则
设置为 GL_TRUE，否则（即在无限远处观看）设置为 GL_FALSE。

GL_LIGHT_MODEL_TWO_SIDE 表示是否执行双面光照计算。如果
设置为 GL_TRUE，则 OpenGL 不仅将根据法线向量计算正面的光照，也
会将法线向量反转并计算背面的光照。

GL_LIGHT_MODEL_COLOR_CONTROL 表示颜色计算方式。如果设
置为 GL_SINGLE_COLOR，表示按通常顺序操作，先计算光照，再计算纹理。
如果设置为 GL_SEPARATE_SPECULAR_COLOR，表示将 GL_SPECULAR
属性分离出来，先计算光照的其他部分，待纹理操作完成后再计算
GL_SPECULAR。后者通常可以使画面效果更为逼真（当然，如果本身就
没有执行任何纹理操作，这样的分离就没有任何意义）。

OpenGL 默认关闭光照处理，要打开光照处理功能，使用下面的语句：
glEnable(GL_LIGHTING);
要关闭光照处理功能，使用"glDisable(GL_LIGHTING);"即可。

4.3.6　示例程序

这里以太阳、地球为例，未考虑太阳和地球的大小关系，用球体来建模。把太阳作为光源，模拟地球围绕太阳转动时光照的变化。首先需要设置一个光源太阳，再设置两种材质即太阳的材质和地球的材质。把太阳光线设置为白色，位置在画面正中。把太阳的材质设置为微微散发出红色的光芒，把地球的材质设置为微微散发出暗淡的蓝色光芒，并且反射蓝色的光芒，镜面指数设置成一个比较小的值。

关于法线向量。球体表面任何一点的法线向量，就是球心到该点的向量。如果使用 glutSolidSphere()函数来绘制球体，则该函数会自动地指定这些法线向量，不必再手工指出。如果是自己指定若干的顶点来绘制一个球体，则需要自己指定法线向量。

太阳是一个位置性光源，在设置它的位置时需要利用矩阵变换。因此，在设置光源的位置以前，需要先设置好各种矩阵。利用 gluPerspective()函数来创建具有透视效果的视图。也可以设置动画，让整个画面动起来。具体的代码如下：

```
#include <gl/glut.h>

#define WIDTH 400
#define HEIGHT 400

static GLfloat angle = 0.0f;

void myDisplay(void)
{
  glClear(GL_COLOR_BUFFER_BIT | GL_DEPTH_BUFFER_BIT);

  // 创建透视效果视图
  glMatrixMode(GL_PROJECTION);
  glLoadIdentity();
  gluPerspective(90.0f, 1.0f, 1.0f, 20.0f);
```

```
glMatrixMode(GL_MODELVIEW);
glLoadIdentity();
gluLookAt(0.0, 5.0, -10.0, 0.0, 0.0, 0.0, 0.0, 1.0, 0.0);
```

// 定义太阳光源,它是一种白色的光源

```
{
GLfloat sun_light_position[] = {0.0f, 0.0f, 0.0f, 1.0f};
GLfloat sun_light_ambient[] = {0.0f, 0.0f, 0.0f, 1.0f};
GLfloat sun_light_diffuse[] = {1.0f, 1.0f, 1.0f, 1.0f};
GLfloat sun_light_specular[] = {1.0f, 1.0f, 1.0f, 1.0f};

glLightfv(GL_LIGHT0, GL_POSITION, sun_light_position);
glLightfv(GL_LIGHT0, GL_AMBIENT,  sun_light_ambient);
glLightfv(GL_LIGHT0, GL_DIFFUSE,  sun_light_diffuse);
glLightfv(GL_LIGHT0, GL_SPECULAR, sun_light_specular);

glEnable(GL_LIGHT0);
glEnable(GL_LIGHTING);
glEnable(GL_DEPTH_TEST);
}
```

// 定义太阳的材质并绘制太阳

```
{
   GLfloat sun_mat_ambient[] = {0.0f, 0.0f, 0.0f, 1.0f};
   GLfloat sun_mat_diffuse[] = {0.0f, 0.0f, 0.0f, 1.0f};
   GLfloat sun_mat_specular[] = {0.0f, 0.0f, 0.0f, 1.0f};
   GLfloat sun_mat_emission[] = {0.5f, 0.0f, 0.0f, 1.0f};
   GLfloat sun_mat_shininess = 0.0f;

   glMaterialfv(GL_FRONT, GL_AMBIENT,  sun_mat_ambient);
   glMaterialfv(GL_FRONT, GL_DIFFUSE,  sun_mat_diffuse);
```

```
        glMaterialfv(GL_FRONT, GL_SPECULAR, sun_mat_specular);
        glMaterialfv(GL_FRONT, GL_EMISSION, sun_mat_emission);
        glMaterialf (GL_FRONT, GL_SHININESS, sun_mat_shininess);
        glutSolidSphere(2.0, 40, 32);
    }

    // 定义地球的材质并绘制地球
    {
        GLfloat earth_mat_ambient[]  = {0.0f, 0.0f, 0.5f, 1.0f};
        GLfloat earth_mat_diffuse[]  = {0.0f, 0.0f, 0.5f, 1.0f};
        GLfloat earth_mat_specular[] = {0.0f, 0.0f, 1.0f, 1.0f};
        GLfloat earth_mat_emission[] = {0.0f, 0.0f, 0.0f, 1.0f};
        GLfloat earth_mat_shininess = 30.0f;

        glMaterialfv(GL_FRONT, GL_AMBIENT,  earth_mat_ambient);
        glMaterialfv(GL_FRONT, GL_DIFFUSE,  earth_mat_diffuse);
        glMaterialfv(GL_FRONT, GL_SPECULAR, earth_mat_specular);
        glMaterialfv(GL_FRONT, GL_EMISSION, earth_mat_emission);
        glMaterialf (GL_FRONT, GL_SHININESS, earth_mat_shininess);

        glRotatef(angle, 0.0f, -1.0f, 0.0f);
        glTranslatef(5.0f, 0.0f, 0.0f);
        glutSolidSphere(2.0, 40, 32);
    }
    glutSwapBuffers();
}

void myIdle(void)
{
    angle += 1.0f;
    if( angle >= 360.0f )
```

```
        angle = 0.0f;
    myDisplay();
}

int main(int argc, char* argv[])
{
    glutInit(&argc, argv);
    glutInitDisplayMode(GLUT_RGBA | GLUT_DOUBLE);
    glutInitWindowPosition(200, 200);
    glutInitWindowSize(WIDTH, HEIGHT);
    glutCreateWindow("OpenGL 光照演示");
    glutDisplayFunc(&myDisplay);
    glutIdleFunc(&myIdle);
    glutMainLoop();
    return 0;
}
```

思考

（1）光照模型的依据是什么？

（2）光照和材质有什么关系？

4.4　片元测试

提示：图像表达成屏幕像素前最后一个环节是片元测试。测试按剪裁、Alpha（透明）、模板和深度等环节依次进行。运用深度测试能突破绘制先后带来的遮挡限制。

片元测试就是测试每一个像素，只有通过测试的像素才会被绘制，没有通过测试的像素则不进行绘制。OpenGL 提供了多种测试操作，利用这些操作可以实现一些特殊的效果。

前面曾经使用"深度测试"的效果，它在绘制三维场景的时候特别有用。如果不使用深度测试，假设要先绘制一个距离较近的物体，再绘制距离较远的物体，则距离远的物体因为后绘制，会把距离近的物体覆盖掉，这样的效果并不是我们所希望的。

如果使用了深度测试，则情况就会有所不同。每当一个像素被绘制，OpenGL 就记录这个像素的深度。深度可以理解为一个像素距离观察者的距离。深度值越大，表示距离越远。如果有新的像素即将覆盖原来的像素时，深度测试会检查新的深度是否会比原来的深度值小。如果是，则覆盖像素，绘制成功；如果不是，则不会覆盖原来的像素，绘制被取消。这样即使先绘制比较近的物体，再绘制比较远的物体，则远的物体也不会覆盖近的物体了。

实际上，只要存在深度缓冲区，无论是否启用深度测试，OpenGL 在像素被绘制时都会尝试将深度数据写入缓冲区内，除非调用了"glDepthMask(GL_FALSE);"来禁止写入。这些深度数据除了用于常规的测试外，还可以有一些有趣的应用，如绘制阴影等。

除了深度测试，OpenGL 还提供了剪裁测试、Alpha 测试和模板测试，测试的顺序是剪裁测试、Alpha 测试、模板测试、深度测试。

4.4.1 剪裁测试

剪裁测试用于限制绘制区域。可以指定一个矩形的剪裁窗口，当启用剪裁测试后，只有在这个窗口之内的像素才能被绘制，其他像素则会被丢弃。无论怎么绘制，剪裁窗口以外的像素将不会被修改。

可以通过下面的代码来启用或禁用剪裁测试：

```
glEnable(GL_SCISSOR_TEST);          // 启用剪裁测试
glDisable(GL_SCISSOR_TEST);         // 禁用剪裁测试
```

可以通过下面的代码来指定一个位置在(x, y)，宽度为 width，高度为 height 的剪裁窗口。

```
glScissor(x, y, width, height);
```

OpenGL 窗口坐标是以左下角为$(0, 0)$，右上角为(width, height)的，这与 Windows 系统窗口有所不同。

还有一种方法可以保证像素只绘制到某一个特定的矩形区域内，这就是前面介绍过的视口变换。但视口变换和剪裁测试是不同的。视口变换是将所有内容缩放到合适的大小后，放到一个矩形的区域内；而剪裁测试不会进行缩放，超出矩形范围的像素直接忽略掉。

4.4.2 Alpha 测试

像素的 Alpha 值可以用于混合操作。其实 Alpha 值还有一个用途，就是 Alpha 测试。当每个像素即将绘制时，如果启动了 Alpha 测试，OpenGL 会检查像素的 Alpha 值，只有 Alpha 值满足条件的像素才会进行绘制。严格地说，满足条件的像素会通过本项测试，进行下一项测试，只有所有测试都通过，才能进行绘制。不满足条件的则不进行绘制。这个"条件"可以是：始终通过（默认情况）、始终不通过、大于设定值则通过、小于设定值则通过、等于设定值则通过、大于等于设定值则通过、小于等于设定值则通过、不等于设定值则通过。

如果先放一幅相片，在上面再放一个相框，则相框很多地方都是透明的才能透过相框看到下面的照片。类似地，如果需要绘制一幅图片，而这幅图片的某些部分又是透明的，这时可以使用 Alpha 测试。将图片中所有需要透明的地方的 Alpha 值设置为 0.0，不需要透明的地方 Alpha 值设置为 1.0，然后设置 Alpha 测试的通过条件为"大于 0.5 则通过"，这样便能达到目的。当然也可以设置需要透明的地方 Alpha 值为 1.0，不需要透明的地方 Alpha 值设置为 0.0，然后设置条件为"小于 0.5 则通过"。Alpha 测试的设置方式往往不止一种，可以根据实际情况需要进行选择。

启用或禁用 Alpha 测试需要调整 OpenGL 的状态。

glEnable(GL_ALPHA_TEST);   // 启用 Alpha 测试
glDisable(GL_ALPHA_TEST);   // 禁用 Alpha 测试

下面的代码设置 Alpha 测试条件为"大于 0.5 则通过"：

glAlphaFunc(GL_GREATER, 0.5f);

该函数的第 2 个参数表示设定值，用于进行比较。第 1 个参数是比较方式，除了 GL_LESS（小于则通过）外，还可以选择：GL_ALWAYS（始终通过）、GL_NEVER（始终不通过）、GL_LESS（小于则通过）、GL_LEQUAL（小于等于则通过）、GL_EQUAL（等于则通过）、GL_GEQUAL（大于等于则通过）、GL_NOTEQUAL（不等于则通过）。

用一幅照片[见图 4.4.1（a）]、一幅相框图片[图 4.4.1（b）]，如何将它们组合在一起呈现透明效果呢？

（a） （b）

图 4.4.1 对图片使用透明效果

在 24 位的 BMP 文件格式中，BGR 三种颜色各占 8 位，没有保存 Alpha 值，因此无法直接使用 Alpha 测试。注意到相框那幅图片中，所有需要透明的位置都是白色，所以在程序中设置所有白色（或很接近白色）的像素 Alpha 值为 0.0，设置其他像素 Alpha 值为 1.0，然后设置 Alpha 测试的条件为"大于 0.5 则通过"即可。

利用前面章节的代码将图片读取为纹理，然后封装下面这个函数，设置"当前纹理"中每一个像素的 Alpha 值。

/* 将当前纹理 BGR 格式转换为 BGRA 格式

* 纹理中像素的 RGB 值如果与指定 rgb 相差不超过 absolute，则将 Alpha 设置为 0.0，否则设置为 1.0

*/

void texture_colorkey(GLubyte r, GLubyte g, GLubyte b, GLubyte absolute)

{

GLint width, height;

GLubyte* pixels = 0;

// 获得纹理的大小信息

glGetTexLevelParameteriv(GL_TEXTURE_2D, 0, GL_TEXTURE_WIDTH, &width);

```
        glGetTexLevelParameteriv(GL_TEXTURE_2D, 0, GL_TEXTURE_HE
IGHT, &height);
```

```
        // 分配空间并获得纹理像素
        pixels = (GLubyte*)malloc(width*height*4);
        if( pixels == 0 )
            return;
        glGetTexImage(GL_TEXTURE_2D, 0, GL_BGRA_EXT, GL_UNSIG
NED_BYTE, pixels);
```

```
        // 修改像素中的 Alpha 值
        // 其中 pixels[i*4], pixels[i*4+1], pixels[i*4+2], pixels[i*4+3]
        // 分别表示第 i 个像素的蓝、绿、红、Alpha 四种分量，0 表示最小，
255 表示最大
        {
            GLint i;
            GLint count = width * height;
            for(i=0; i<count; ++i)
            {
                if( abs(pixels[i*4] - b) <= absolute
                 && abs(pixels[i*4+1] - g) <= absolute
                 && abs(pixels[i*4+2] - r) <= absolute )
                    pixels[i*4+3] = 0;
                else
                    pixels[i*4+3] = 255;
            }
        }
```

```
        // 将修改后的像素重新设置到纹理中，释放内存
        glTexImage2D(GL_TEXTURE_2D, 0, GL_RGBA, width, height, 0,
```

```
        GL_BGRA_EXT, GL_UNSIGNED_BYTE, pixels);
    free(pixels);
}
```

有了纹理后，开启纹理，指定合适的纹理坐标并绘制一个矩形，这样就可以在屏幕上将图片绘制出来。这里先绘制相片的纹理，再绘制相框的纹理。程序代码如下：

```
void display(void)
{
    static int initialized   = 0;
    static GLuint texWindow  = 0;
    static GLuint texPicture = 0;

    // 执行初始化操作，包括：读取相片，读取相框，将相框由 BGR 颜
    色转换为 BGRA，启用二维纹理
    if( !initialized )
    {
        texPicture = load_texture("pic.bmp");
        texWindow  = load_texture("window.bmp");
        glBindTexture(GL_TEXTURE_2D, texWindow);
        texture_colorkey(255, 255, 255, 10);

        glEnable(GL_TEXTURE_2D);
        glEnable(GL_DEPTH_TEST);

        initialized = 1;
    }
    glClear(GL_COLOR_BUFFER_BIT | GL_DEPTH_BUFFER_BIT);

    // 绘制相框，此时进行 Alpha 测试，只绘制不透明部分的像素
    glBindTexture(GL_TEXTURE_2D, texWindow);
    glEnable(GL_ALPHA_TEST);
```

```
glAlphaFunc(GL_GREATER, 0.5f);
glBegin(GL_QUADS);
    glTexCoord2f(0, 0);    glVertex2f(-1.0f, -1.0f);
    glTexCoord2f(0, 1);    glVertex2f(-1.0f,  1.0f);
    glTexCoord2f(1, 1);    glVertex2f( 1.0f,  1.0f);
    glTexCoord2f(1, 0);    glVertex2f( 1.0f, -1.0f);
glEnd();

// 绘制相片，此时不需要进行 Alpha 测试，所有的像素都进行绘制
glBindTexture(GL_TEXTURE_2D, texPicture);
glDisable(GL_ALPHA_TEST);
glBegin(GL_QUADS);
    glTexCoord2f(0, 0);    glVertex2f(-1.0f, -1.0f);
    glTexCoord2f(0, 1);    glVertex2f(-1.0f,  1.0f);
    glTexCoord2f(1, 1);    glVertex2f( 1.0f,  1.0f);
    glTexCoord2f(1, 0);    glVertex2f( 1.0f, -1.0f);
glEnd();

    glutSwapBuffers();
}
```

上面 load_texture()函数是"纹理"一节的内容（该函数还使用了一个 power_of_two()函数，一个 BMP_Header_Length 常数），无须进行修改。

混合可以实现半透明，自然也可以通过设定实现全透明。也就是说，Alpha 测试可以实现的效果几乎都可以通过 OpenGL 混合功能来实现。那么为什么还需要一个 Alpha 测试呢？这与性能相关。Alpha 测试只要简单地比较大小就可以得到最终结果，而混合操作一般需要进行乘法运算，性能有所下降。另外，OpenGL 测试管线是剪裁测试、Alpha 测试、模板测试、深度测试。如果某项测试不通过，则不会进行下一步，而只有所有测试都通过的情况下才会执行混合操作。因此，在使用 Alpha 测试的情况下，透明的像素就不需要经过模板测试和深度测试了；而如果使用混合操作，即使透明的像素也需要进行模板测试和深度测试，性能会有所下降。另外，

对于那些"透明"的像素来说，如果使用 Alpha 测试，则"透明"的像素不会通过测试，因此像素的深度值不会被修改；而使用混合操作时，虽然像素的颜色没有被修改，但它的深度值则有可能被修改掉了。

因此，如果所有的像素都是"透明"或"不透明"，没有"半透明"时，应该尽量采用 Alpha 测试而不是采用混合操作。当需要绘制半透明像素时，才采用混合操作。

Alpha 测试结果如图 4.4.2 所示。

图 4.4.2　Alpha 测试结果

4.4.3　模板测试

模板测试是所有 OpenGL 测试中比较复杂的一种。

首先，模板测试需要一个模板缓冲区，这个缓冲区是在初始化 OpenGL 时指定的。如果使用 GLUT 工具包，可以在调用 glutInitDisplayMode()函数时在参数中加上 GLUT_STENCIL，例如：

glutInitDisplayMode(GLUT_DOUBLE | GLUT_RGBA | GLUT_STENCIL);

在 Windows 操作系统中，即使没有明确要求使用模板缓冲区，有时候也会分配模板缓冲区。但为了保证程序的通用性，最好还是明确指定使用模板缓冲区。如果确实没有分配模板缓冲区，则所有进行模板测试的像素全部都会通过测试。

通过 glEnable()和 glDisable()可以启用或禁用模板测试。

glEnable(GL_STENCIL_TEST);   // 启用模板测试

glDisable(GL_STENCIL_TEST);   // 禁用模板测试

OpenGL 在模板缓冲区中为每个像素保存了一个"模板值"，当像素需要进行模板测试时，将设定的模板参考值与该像素的"模板值"进行比较，符合条件的通过测试，不符合条件的则被丢弃，不进行绘制。

条件的设置与 Alpha 测试中的条件设置相似。但注意 Alpha 测试中是用浮点数来进行比较，而模板测试则是用整数来进行比较。比较也有 8 种情况：始终通过、始终不通过、大于则通过、小于则通过、大于等于则通过、小于等于则通过、等于则通过、不等于则通过。

glStencilFunc(GL_LESS, 3, mask);

这段代码设置模板测试的条件为 "小于 3 则通过"。glStencilFunc 的前两个参数意义与 glAlphaFunc 的 2 个参数类似，第 3 个参数的意义为，如果进行比较，则只比较 mask 中二进制为 1 的位。例如，某个像素模板值为 5（二进制 101），而 mask 的二进制值为 00000011，因为只比较最后两位，5 的最后两位为 01，其实是小于 3 的，因此会通过测试。

glClear 函数可以将所有像素的模板值复位，代码如下：

glClear(GL_STENCIL_BUFFER_BIT);

可以同时复位颜色值和模板值：

glClear(GL_COLOR_BUFFER_BIT | GL_STENCIL_BUFFER_BIT);

类似用 glClearColor()函数来指定清空屏幕后的颜色，也可以使用 glClearStencil()函数来指定复位后的"模板值"。

每个像素的"模板值"会根据模板测试的结果和深度测试的结果而进行改变。

glStencilOp(fail, zfail, zpass);

该函数指定了 3 种情况下"模板值"该如何变化。第 1 个参数表示模板测试未通过时该如何变化；第 2 个参数表示模板测试通过，但深度测试未通过时该如何变化；第 3 个参数表示模板测试和深度测试均通过时该如何变化。如果没有启用模板测试，则认为模板测试总是通过；如果没有启用深度测试，则认为深度测试总是通过。

变化可以是 GL_KEEP（不改变，这也是默认值）、GL_ZERO（回零）、GL_REPLACE（使用测试条件中的设定值来代替当前模板值）、GL_INCR（增加 1，但如果已经是最大值，则保持不变）、GL_INCR_WRAP（增加 1，但如果已经是最大值，则从零重新开始）、GL_DECR（减少 1，但如果已经是零，则保持不变）、GL_DECR_WRAP（减少 1，但如果已经是零，则重新设置为最大值）、GL_INVERT（按位取反）。

OpenGL 还允许为多边形的正面和背面使用不同的模板测试条件和模板值改变方式，于是就有了 glStencilFuncSeparate() 函数和 glStencilOpSeparate() 函数。这两个函数分别与 glStencilFunc() 和 glStencilOp() 类似，只在最前面多了一个参数 face，用于指定当前设置的是哪个面，可以选择 GL_FRONT、GL_BACK、GL_FRONT_AND_BACK。

模板缓冲区与深度缓冲区有一点不同。除非设置了"glDepthMask(GL_FALSE);"，无论是否启用深度测试，当有像素被绘制时，总会重新设置该像素的深度值。而模板测试如果不启用，则像素的模板值会保持不变，只有启用模板测试时才有可能修改像素的模板值。

另外，大量而频繁地使用模板测试可能造成程序运行效率低下，即使是当前配置比较高端的个人计算机，也尽量不要使用 glStencilFuncSeparate() 和 glStencilOpSeparate() 函数。

使用剪裁测试可以把绘制区域限制在一个矩形的区域内。但如果需要把绘制区域限制在一个不规则的区域内，则需要使用模板测试。例如，绘制一个湖泊，以及周围的树木，然后绘制树木在湖泊中的倒影。为了保证倒影被正确地限制在湖泊表面，可以使用模板测试。具体的步骤如下：

（1）关闭模板测试，绘制地面和树木。

（2）开启模板测试，使用 glClear 设置所有像素的模板值为 0。

（3）设置"glStencilFunc(GL_ALWAYS, 1, 1);""glStencilOp(GL_KEEP, GL_KEEP, GL_REPLACE);"等绘制湖泊水面。这样一来，湖泊水面的像素的"模板值"为 1，而其他地方像素的"模板值"为 0。

（4）设置"glStencilFunc(GL_EQUAL, 1, 1);""glStencilOp(GL_KEEP, GL_KEEP, GL_KEEP);"绘制倒影。这样一来，只有"模板值"为 1 的像

素才会被绘制，因此只有"水面"的像素才有可能被倒影的像素替换，而其他像素则保持不变。

在一个比较简单的场景中，空间中有一个球体，一个平面镜。当站在某个特殊的观察点，可以看到球体在平面镜中的镜像，并且镜像处于平面镜的边缘，有一部分因为平面镜大小的限制，而无法显示出来。整个场景的效果如图 4.4.3 所示。

图 4.4.3　模板测试结果

绘制这个场景的思路跟前面提到的湖面倒影是接近的。

假设平面镜所在的平面正好是 x 轴和 y 轴所确定的平面，则球体和它在平面镜中的镜像是关于这个平面对称的。用一个 draw_sphere() 函数来绘制球体，先调用该函数以绘制球体本身，然后调用 "glScalef(1.0f, 1.0f, -1.0f);" 再调用 draw_sphere() 函数，就可以绘制球体的镜像。

因为绘制的是三维场景，开启了深度测试。但是站在观察者的位置，球体的镜像其实是在平面镜的"背后"，也就是说，如果按照常规的方式绘制，平面镜会把镜像覆盖掉，这不是我们想要的效果。解决办法是，设置深度缓冲区为只读，绘制平面镜，然后设置深度缓冲区为可写的状态，绘制平面镜"背后"的镜像。

在绘制镜像的时候关闭深度测试，镜像不就不会被平面镜遮挡了吗？为什么还要开启深度测试，又需要把深度缓冲区设置为只读呢？虽然关闭深度测试确实可以让镜像不被平面镜遮挡，但是镜像本身会出现若干问题。虽然看到的镜像是一个球体，但实际上这个球体是由很多的多边形所组成的，这些多边形有的代表了能看到的"正面"，有的则代表了不能看到的"背面"。如果关闭深度测试，而有的"背面"多边形又比"正面"多边形先绘制，就会造成球体的背面反而把正面挡住了，这不是我们想要的效果。为了确保正面可以挡住背面，应该开启深度测试。

绘制部分的代码如下：

```
void draw_sphere()
{
    // 设置光源
    glEnable(GL_LIGHTING);
    glEnable(GL_LIGHT0);
    {
        GLfloat
            pos[]     = {5.0f, 5.0f, 0.0f, 1.0f},
            ambient[] = {0.0f, 0.0f, 1.0f, 1.0f};
        glLightfv(GL_LIGHT0, GL_POSITION, pos);
        glLightfv(GL_LIGHT0, GL_AMBIENT, ambient);
    }

    // 绘制一个球体
    glColor3f(1, 0, 0);
    glPushMatrix();
    glTranslatef(0, 0, 2);
    glutSolidSphere(0.5, 20, 20);
    glPopMatrix();
}

void myDisplay(void)
{
    glClear(GL_COLOR_BUFFER_BIT | GL_DEPTH_BUFFER_BIT);
```

```
// 设置观察点
glMatrixMode(GL_PROJECTION);
glLoadIdentity();
gluPerspective(60, 1, 5, 25);
glMatrixMode(GL_MODELVIEW);
glLoadIdentity();
gluLookAt(5, 0, 6.5, 0, 0, 0, 0, 1, 0);
glEnable(GL_DEPTH_TEST);

// 绘制球体
glDisable(GL_STENCIL_TEST);
draw_sphere();
```

// 绘制一面平面镜。在绘制的同时注意设置模板缓冲。
// 另外，为了保证平面镜之后的镜像能够正确绘制，在绘制平面镜
时需要将深度缓冲区设置为只读的。

```
// 在绘制时暂时关闭光照效果
glClearStencil(0);
glClear(GL_STENCIL_BUFFER_BIT);
glStencilFunc(GL_ALWAYS, 1, 0xFF);
glStencilOp(GL_KEEP, GL_KEEP, GL_REPLACE);
glEnable(GL_STENCIL_TEST);

glDisable(GL_LIGHTING);
glColor3f(0.5f, 0.5f, 0.5f);
glDepthMask(GL_FALSE);
glRectf(-1.5f, -1.5f, 1.5f, 1.5f);
glDepthMask(GL_TRUE);
```

// 绘制一个与先前球体关于平面镜对称的球体，注意光源的位置也

要发生对称改变

　　// 因为平面镜是在 x 轴和 y 轴所确定的平面，所以只要 z 坐标取反即可实现对称

　　// 为了保证球体的绘制范围被限制在平面镜内部，使用模板测试

　　glStencilFunc(GL_EQUAL, 1, 0xFF);

　　glStencilOp(GL_KEEP, GL_KEEP, GL_REPLACE);

　　glScalef(1.0f, 1.0f, -1.0f);

　　draw_sphere();

　　glutSwapBuffers();

　　　glReadBuffer(GL_FRONT);

　　grab();　　　　// 截图

　　}

　　其实，如果不需要绘制半透明效果，有时候可以用混合功能来代替模板测试。就绘制镜像这个例子来说，可以采用下面的步骤：

　　（1）清除屏幕，在 glClearColor 中设置合适的值确保清除屏幕后像素的 Alpha 值为 0.0。

　　（2）关闭混合功能，绘制球体本身，设置合适的颜色（或者光照与材质）以确保所有被绘制的像素的 Alpha 值为 0.0。

　　（3）绘制平面镜，设置合适的颜色（或者光照与材质）以确保所有被绘制的像素的 Alpha 值为 1.0。

　　（4）启用混合功能，用 GL_DST_ALPHA 作为源因子，GL_ONE_MINUS_DST_ALPHA 作为目标因子，这样就实现了只有原来 Alpha 为 1.0 的像素才能被修改，而原来 Alpha 为 0.0 的像素则保持不变。这时再绘制镜像物体，注意确保所有被绘制的像素的 Alpha 值为 1.0。

　　并非所有的模板测试都可以用混合功能来代替，并且这样的代替显得不自然，复杂而且容易出错。另外使用混合来模拟时，即使某个像素原来的 Alpha 值为 0.0，以至于在绘制后其颜色不会有任何变化，但是这个像素的深度值有可能会被修改，而如果是使用模板测试，没有通过测试的像素其深度值不会发生任何变化。而且，模板测试和混合功能中，像素模板值的修改方式是不一样的。

4.4.4 深度测试

深度测试需要深度缓冲区，跟模板测试需要模板缓冲区是类似的。如果使用 GLUT 工具包，可以在调用 glutInitDisplayMode() 函数时在参数中加上 GLUT_DEPTH，这样来明确指定要求使用深度缓冲区。

深度测试和模板测试的实现原理类似，都是在一个缓冲区保存像素的某个值，当需要进行测试时，将保存的值与另一个值进行比较，以确定是否通过测试。两者的区别在于，模板测试是设定一个值，在测试时用这个设定值与像素的"模板值"进行比较，而深度测试是根据顶点的空间坐标计算出深度，用这个深度与像素的"深度值"进行比较。也就是说，模板测试需要指定一个值作为比较参考，而深度测试中，这个比较用的参考值是 OpenGL 根据空间坐标自动计算的。

通过 glEnable() 和 glDisable() 函数可以启用或禁用深度测试。

glEnable(GL_DEPTH_TEST);   // 启用深度测试

glDisable(GL_DEPTH_TEST);   // 禁用深度测试

通过测试的条件，与 Alpha 测试中的条件设置相同，同样有 8 种。条件设置是通过 glDepthFunc() 函数完成的，默认值是 GL_LESS。

glDepthFunc(GL_LESS);

与模板测试相比，深度测试的应用要频繁得多，几乎所有的三维场景绘制都使用了深度测试。正因为如此，几乎所有的 OpenGL 实现都对深度测试提供了硬件支持，所以虽然两者的实现原理类似，但深度测试很可能会比模板测试快得多。当然了，两种测试在应用上很少有交集，一般不会出现使用一种测试去代替另一种测试的情况。

思考：

（1）片元测试是否按管线进行？为什么？

（2）实现小球镜面反射图像的效果，片元测试起到了什么作用？

5

三维地形实践

5.1　三维地球

　　提示：在不同的扩展库里 OpenGL 提供了一些规则的预制实体，可用来测试或进一步搭建复杂的场景。旋转的地球示例中利用二次幅面中球体可贴图的特点。

5.1.1　规则形体的建模工具

一些特殊场景的建模，可充分利用 OpenGL 各种库中封装好的基础模型，速度快、较稳定。

1. 实用工具库中的三维实体

　　GLUT 所提供的 9 种三维实体分别为圆锥体、四面体、正方体、正十二面体、正二十面体、正八面体、球体、圆环体和茶壶，如图 5.1.1 所示。

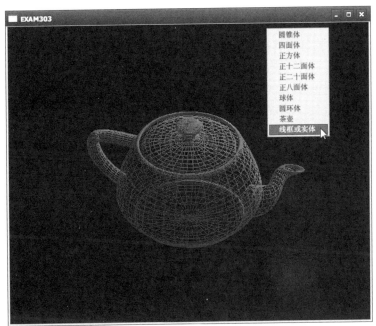

图 5.1.1　GLUT 提供的基本三维实体模型

GLUT 为这 9 种三维对象的每个实体，均提供了两个命令，一个是

glutSolid*()，用于绘制实体对象，另一个是 glutWire*()，用于绘制线框对象。

例如，绘制圆锥体可以直接调用 glutSolidCone()或 glutWireCone()命令，它们的原型分别为：

void glutSolidCone(GLdouble base,GLdouble height,GLdouble slices, Glint stacks);

void glutWireCone(GLdouble base,GLdouble height,GLdouble slices, Glint stacks);

其中，参数 base 为圆锥体底面的半径，height 为圆锥体的高度，slices 为圆锥体环绕 z 轴的剖面个数，stacks 为圆锥体沿 z 轴的剖面个数。这两个命令分别用于绘制底部中心位于原点、顶点位于 z 轴上的实体圆锥体和线框圆锥体。

其余三维实体的用法类似。

2. 二次曲面

所谓二次曲面，指的是像球体、圆柱体、圆锥体这一类的几何对象。OpenGL 自身就可以直接绘制出一些二次曲面，这些二次曲面是在 GLU 库中定义的。

GLU 库中所定义的二次曲面对象必须先行创建，而创建二次曲面对象时需要先行定义一个 GLUquadneObj 型的指针，然后调用 gluNewQuadric()命令来创建对象。

注意，在一个程序中，无论需要绘制多少个二次曲面对象，也不管各对象的类型是否相同，而创建对象只需要进行一次即可。另外，在不再需要二次曲面对象时，应当调用 gluDeleteQuadric()命令将指针所指的对象删除。该命令的原型为：

void gluDeleteQuadric(GLUquadricObj *state);

其中，参数 state 为指向二次曲面对象的指针。该命令将删除参数所指的二次曲面对象释放该对象所占用的内存。

二次曲面的绘制参数主要有法向量的类型、指向以及其绘制方式。设置二次曲面法向量的类型需要调用 gluQuadricNormals()命令，该命令的原型为：

void gluQuadricNormals(GLUquadricObj *pObj,GLenum normals);

其中，参数 pObj 为一个 GLUquadricObj 型指针。应当说明的是，该指针必须是一个有效的指针，即通过调用 gluNewQuadric()命令创建成功的指针。参数 normals 为一枚举常量，它用于确定法向量的类型，其可用值见表 5.1.1。

表 5.1.1 参数 normals 的可用值

枚举常量	含　义
GLU_NONE	不生成法向量
GLU_FLAT	为组成二次曲面的每个小平面生成法向量
GLU_SMOOTH	为组成二次曲面的每个顶点生成法向量，此为缺省前

利用 GLU 库中的二次曲面进行绘制的一般步骤如下：

（1）定义一个 GLUquadricObj 型的指针。

（2）调用 gluNewQuadric()命令创建二次曲面对象，并将所创建对象的地址赋给上述指针。

（3）利用上述已赋值的指针及相应的参数，调用 gl*()二次曲面绘制命令以绘制相应的二次曲面对象。

（4）所有二次曲面对象绘制完毕后，调用 gluDeleteOuadric()命令将指针所指的二次曲面对象删除。

GLU 库中实际上仅提供了 4 种二次曲面对象：球体、圆盘、扇形盘和圆筒。其中，圆筒可以有多种变化。

其中，球体绘制可调用 gluSphere()命令。该命令的原型为：

void gluSphere(GLUquadricObj *obj,GLdouble rads,GLint slices,GLint stacks);

该命令用于绘制一个圆心位于原点的球体。与 GLUT 库中绘制球体的命令基本相同，只是多了一个二次曲面对象指针。

5.1.2 三维地球建模

利用 OpenGL 库中的球体模型，设置光照、材质和纹理，生成一个具有真实感地在太空中旋转的地球，如图 5.1.2 所示。

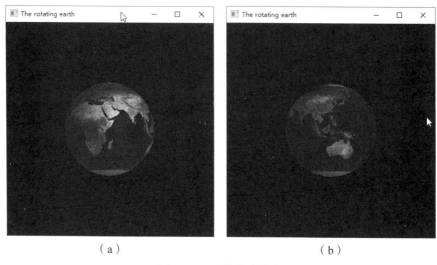

（a）　　　　　　　　　　　　　　（b）

图 5.1.2　三维地球建模

```
void OnReshape(int w,int h)
{
    glViewport(0, 0,w,h);
    glMatrixMode(GL_PROJECTION);
    glLoadIdentity();

    GLfloat aspect = (GLfloat)w/(GLfloat)h;
    if(0 != h)
    {
        if(w < h)
            glOrtho(-size,size, -size*aspect,size*aspect, -size,size);
        else
            glOrtho(-size/aspect,size/aspect, -size,size, -size,size);
    }

    glMatrixMode(GL_MODELVIEW);
    glLoadIdentity();
```

```
    gluLookAt(-1.0, 0.0, 0.0, 0.0, 0.0, 0.0, 0.0, 0.0, 1.0);
}

void init(void)
{
    glShadeModel(GL_SMOOTH);
    glEnable(GL_LIGHTING);
    glEnable(GL_LIGHT0);
    glEnable(GL_DEPTH_TEST);
    glClearDepth(1.0f);

    //多边形的显示方式，模式将适用于物体的所有面采用填充形式
    glPolygonMode(GL_FRONT_AND_BACK,GL_FILL);
    // glGenTextures(GLsizei n,GLuint *textures);
    // 在数组 textures 中返回 n 个当期未使用的值，表示纹理对象的名称
    glGenTextures(1, &texName);
    glBindTexture(GL_TEXTURE_2D,texName);
    glTexParameteri(GL_TEXTURE_2D,GL_TEXTURE_MAG_FILTER,GL_NEAREST);
    glTexParameteri(GL_TEXTURE_2D,GL_TEXTURE_MIN_FILTER,GL_NEAREST);
    //作用是将某一块内存中的内容全部设置为指定的值
    //memset(img, 0,sizeof(void *) * 1);
    if(img = auxDIBImageLoad(szFile))
    {
        //根据指定的参数，生成一个 2D 纹理(Texture)
        glTexImage2D(GL_TEXTURE_2D, 0, 3,img->sizeX,
            img->sizeY, 0,GL_RGB,GL_UNSIGNED_BYTE,img->data);
    }
    glMatrixMode(GL_PROJECTION);
}
```

```
void earth()
{
    qobj = gluNewQuadric();                          //申请空间
    glPushMatrix();

        //允许建立一个绑定到目标纹理的有名称的纹理。

        glBindTexture(GL_TEXTURE_2D,texName);
        glEnable(GL_TEXTURE_2D);                     //启用二维纹理
        gluQuadricTexture(qobj,GL_TRUE);             //纹理函数

        material_earth();
        glRotatef((GLfloat)day, 0.0, 0.0, 1.0);      //自转
        gluSphere(qobj, 0.65, 80, 80);               //二次曲面 qobj
        glDisable(GL_TEXTURE_2D);                    //禁用二维纹理
    glPopMatrix();
}

void OnDisplay()
{
    lightPosition();
    glClear(GL_COLOR_BUFFER_BIT | GL_DEPTH_BUFFER_BIT);
    Rotate();

    earth();

    glutSwapBuffers();
    glFlush();
}

void OnTimer(int value)
{
```

```
    day += 5;
    if(day > 360.0)
    {
        day = day - 360.0;
    }

    glutPostRedisplay();
    glutTimerFunc(45,OnTimer, 1);
}

void material_earth(void)
{
    glEnable(GL_COLOR_MATERIAL);
    //材质散射颜色
    GLfloat mat_diffuse[] = { 0.0,0.0,1.0,1.0 };
    GLfloat mat_ambient[] = { 1.0, 0.0,0.0, 1.0 };
    //设置地球颜色为蓝色
    GLfloat env_ambient[] = { 0.0,0.0,1.0,1.0 };
    //材质镜面反射颜色参数
    GLfloat mat_specular[] = { 1.0, 0.0, 0.0, 1.0 };
    // 镜面反射指数参数
    GLfloat mat_shininess[] = {50.0};

    //材质的散射颜色
    glMaterialfv(GL_FRONT,GL_DIFFUSE,mat_diffuse);
    //材质的环境颜色
    glMaterialfv(GL_FRONT,GL_AMBIENT,mat_ambient);
    //材质镜面反射颜色
    glMaterialfv(GL_FRONT,GL_SPECULAR,mat_specular);
    //镜面反射指数
    glMaterialfv(GL_FRONT,GL_SHININESS,mat_shininess);
    //整个场景的环境光的 RGBA 强度
```

```
        glLightModelfv(GL_LIGHT_MODEL_AMBIENT,env_ambient);
    }

    void lightPosition()
    {
        float light_position[] = {-45.0, -30.0, 5.0, 1.0};
        glLightfv(GL_LIGHT0,GL_POSITION,light_position);
    }
```

思考

（1）OpenGL 有哪些基本的规则模型？

（2）OpenGL 可用的模型中，哪些可以直接应用纹理功能？

5.2　基于 DEM 的三维地形

提示：在 DEM 基础上通过读取每个数据的三维坐标信息，因为 DEM 是网格化的，用点线面来表达都比较容易。

用计算机显示三维地形是通过将真实的三维地形表面数字化建立数字地形模型，再经过处理显示出来的。数字地形模型（Digital Terrain Model，DTM）也称为数字地面模型，是由对地形表面取样得到的一组点的 x、y、z 坐标数据和基于采样点的描述地形起伏特性的算法组成，是地形表面形态、属性信息的数字表达，是带有空间位置特征和地形属性特征的数字描述。当 DTM 中的地形属性特征为高程时，称为数字高程模型（Digital Elevation Model，DEM）。

用的 DEM 表示模型有规则格网和不规则三角网。广义的 DEM 还包括等高线等所有表达地面高程的数字表示。在地理信息系统中，DEM 是建立 DTM 的基础数据，其他的地形要素可由 DEM 直接或间接导出，称为"派生数据"，如坡度、坡向。在立体显示中，交通、水系等其他要素的高程也可通过 DEM 插值计算得到。

5.2.1　规则格网地形数据模型

规则网格通常是正方形，也可以是矩形、三角形等规则网格。规则网格将区域空间划分为规则的网格单元，每个网格单元对应一个数值。数学上可以表示为一个矩阵，在计算机实现中则是一个二维数组。每个网格单元或数组的一个元素，对应一个高程值。规则网格 DEM（简称网格 DEM）是 DEM 最常用的形式，其数据的组织类似于图像栅格数据，只是每个像元的值是高程值，即网格 DEM 是一种高程矩阵。

1. 网格 DEM 数据

如图 5.2.1 所示，网格 DEM 对于每个网格的数值有两种不同的解释。一种是网格栅格观点，认为该网格单元的数值是其中所有点的高程值，即网格单元对应的地面面积内高程是均一的高度，这种数字高程模型是一个不连续的函数。另一种是点栅格观点，认为该网格单元的数值是网格中心点的高程或该网格单元的平均高程值，这样就需要用一种插值方法来计算每个点的高程。计算任何不是网格中心的数据点的高程值，使用周围 4 个中心点的高程值，采用距离加权平均方法进行计算，当然也可使用样条函数或克里金插值方法，总之网格 DEM 是通过记录在 x 和 y 方向上等距离网格点上的高程值来表示地面起伏的。

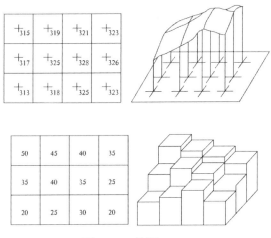

图 5.2.1　格网 DEM

如图 5.2.2 所示，网格 DEM 数据表示如下。其中起始点坐标为 x_0、y_0，行列数为 m、n，x 方向与 y 方向的间隔为 D_x、D_y，则格网点的高程值为

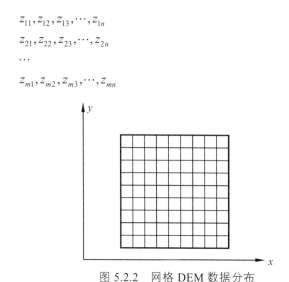

$$z_{11}, z_{12}, z_{13}, \cdots, z_{1n}$$
$$z_{21}, z_{22}, z_{23}, \cdots, z_{2n}$$
$$\cdots$$
$$z_{m1}, z_{m2}, z_{m3}, \cdots, z_{mn}$$

图 5.2.2　网格 DEM 数据分布

网格 DEM 中每个格网点的坐标值是隐藏的，按照下式可转换为相应地面点 $P(i,j)$的坐标。

$$x_i = x_0 + D_x \times i$$
$$y_i = y_0 + D_y \times j \qquad\qquad (5.2.1)$$

网格 DEM 数据的生成方法有多种。从数据源和采集方式分有以下几种：

（1）利用 GPS、全站仪等测量手段直接进行野外测量获得数据。

（2）利用航空航天影像资料，通过立体坐标仪或空三加密、解析测图、数字摄影测量等设备和方法获取数据。

（3）从现有地形图上采集，如网格读点法、跟踪式数字化、扫描仪半自动采集之后通过内插生成数据。

网格 DEM 还可通过内插方法获得。内插的方法很多，主要有分块内插、部分内插和单点移面内插等三种。

2. 地形网格显示

基于 OpenGL 软件包对 DEM 数据进行地形显示处理的基本原理是将 DEM 网格剖分成若干小三角面，通过光源的设置，计算每个小三角面所产生的光影，从而给每个小三角面填充不同的颜色效果，在平面图上建立地貌的立体形态。因此，DEM 数据显示的关键技术是地形表面法向量的计算。

1）法向量的计算

对于一个平面来说，其上各点的法向量是一样的。但对于一个曲面，虽然它在计算机图形中是由许多片小的平面多边形逼近，但是每个顶点的法向量都不一样。因此，曲面上每个点的法向量计算就可以根据不同的应用有不同的算法，最后效果也不相同。OpenGL 有很大的灵活性，它只提供赋予当前顶点法向量的函数，并不在内部具体计算其法向量。这个值由编程者自己根据需要计算。

DEM 数据是把 DEM 网格沿对角线部分成小三角面来计算法向量的。下面介绍一个三角形平面的法向量计算方法。如图 5.2.3 所示，设三角形三个顶点分别为 $P_0(x_0,y_0,z_0)$，$P_1(x_1,y_1,z_1)$，$P_2(x_2,y_2,z_2)$，相应两个向量为 W、V，即 $W = P_0 - P_1$，$V = P_2 - P_1$。则法向量 N 可由下式计算

$$N = (P_0 - P_1) \times (P_2 - P_1) = (N_x, N_y, N_z)$$

其中

$$N_x = (y_0 - y_1) \times (z_2 - z_1) - (z_0 - z_1) \times (y_2 - y_1)$$
$$N_y = (z_0 - z_1) \times (x_2 - x_1) - (x_0 - x_1) \times (z_2 - z_1)$$
$$N_z = (x_0 - x_1) \times (y_2 - y_1) - (y_0 - y_1) \times (x_2 - x_1)$$

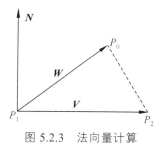

图 5.2.3 法向量计算

计算法向量的程序代码如下：

```
void getNormal(GLfloat gx[3],GLfloat gy[3],GLfloat gz[3],GL float *ddnv)
{
    GLfloat w0,w1,w2,v0,v1,v2,nr,nx,ny,nz;
    w0 = gx[0] − gx[1];   w1 = gy[0]−gy[1];        w2 = gz[0] − gz[1];
```

$$v0 = gx[2] - gx[1];\quad v1 = gy[2]-gy[1];\quad v2 = gz[2] - gz[1];$$

$$nx = (w1 * v2 - w2 * v1);$$

$$ny = (w2 * v0 - w0 * v2);$$

$$nz = (w0 * v1 - w1 * v0);$$

$$nr = sqrt(nx * nx + ny * ny + nz * nz);$$

$$ddnv[0] = nx/nr;\quad ddvn[1] = ny/nr;\quad ddvn[2] = nz/nr;$$

}

如果仅仅用平面的法向量来参与地形表面的亮度计算，效果并不理想，呈现出明显的"碎块"现象。为了得到一种"平滑"的光影效果，还需要考虑 DTM 格网点的法向量。对于曲面各顶点的法向量计算方法很多，最常用的是平均平面法向量法，如图 5.2.4 所示。此时曲面顶点的法向量就等于其相邻的 4 个三角格网平面的法向量平均值。即

$$N_p = (N_1 + N_2 + N_3 + N_4) / 4$$

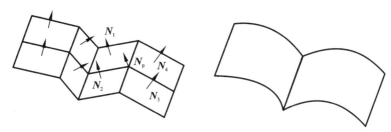

图 5.2.4　平均法向量

2）地形格网的显示

OpenGL 封装了对消隐等的处理。如果用户已经获得了 DEM 各个网格点的高程数值，并且正确计算出每个网格点的法向量，就可以按照以下步骤实现对 DEM 的显示。

（1）假设 DEM 格网点的法向量数据存储于三维数组 p3p3_Nvs[][][] 中，DEM 平面坐标及高程存储于一维数组 pgb_CordX，pgb_CordY，pgb_CordZ 中。

（2）从 DEM 数据区的左上角点开始，逐次提取相邻两行的 DEM 格网坐标、高程及格网点的法向量数据。

（3）按照 DEM 格网从左到右的顺序进行循环，每次取出纵列由上至

下顺序的两个格网点数据，循环生成连续的三角形面片，即可生成三维格网图形。

读取 DEM 数值的 OpenGL 示例代码如下：

```
for(int i = 0; i < i_RowNum - 1; i++)
{
    glBegin();
        for(int j = 0; j < j_ColNum - 1; j++)
        {
            glNormal3d((GLDouble)p3p3_Nvs[i_Row][i_Col].gb_X,
                        (GLDouble)p3p3_Nvs[i_Row][i_Col].gb_Z,
                        (GLDouble)p3p3_Nvs[i_Row][i_Col].gb_Y);
            glVertex3d((GLdouble)pgb_CordX[i_Col],
                        (GLdobule)pgb_DTM[i_Row][i_Col],
                        (GLdouble)pgb_CordY[i_Row]);
            glNormal3d((GLDouble)p3p3_Nvs[i_Row + 1][i_Col].gb_X,
                        (GLDouble)p3p3_Nvs[i_Row + 1][i_Col].gb_Z,
                        (GLDouble)p3p3_Nvs[i_Row + 1][i_Col].gb_Y);
            glVertex3d((GLdouble)pgb_CordX[i_Col],
                        (GLdobule)pgb_DTM[i_Row + 1][i_Col],
                        (GLdouble)pgb_CordY[i_Row + 1]);
        }
    glEnd();
}
```

5.2.2 三维地形建模实践

1. 数据准备

三维地理空间模型与其他三维模型的构建方式是一致的，只是顶点数据采用的是有地理坐标高程数据。

可以从共享的卫星影像中获取地面的高程数据。数据的投影方式一般不要选用地理坐标系模式，因为普通的高程均用米作为单位，一个地理坐标系下面的格网点的水平、垂直方向上单位不一致将是一件比较麻烦的事情，也影响坡度、山体阴影的计算表达。比较好的采用以米作地图单位的投影方式有 Gauss-Kruger 投影或 Albers 投影方式。

通过地理信息系统软件的读取和转换，把 DEM 数据解析成下列格式的 ASCII 文档。

```
ncols          81
nrows          64
xllcorner      -178662.066176
yllcorner      3273930.455882
cellsize       1000
NODATA_value   -9999
```

2880 3106 3187 3389 3346 2959 2388 1957 2233 2797 2972 2469 2604
3281 3761 3506 3188 2635 2709 2962 2549 2693 3014 3102 3548 3910 4189
4465 4397 4268 4554 4546 4160 3849 3365 3264 2939 3028 3011 2531 2017
2167 2335 2045 1572 1453 1639 1833 1987 1772 1625 1999 2419 2779 2985
3344 3754 3654 3402 2921 2778 3196 3499 3649 3896 4312 4234 3871 3533
3169 2948 3496 3352 3058 3310 3448 3505 2902 2557 2824 2235
　　……

数据的排列方式与图 5.2.2 模型一致。其中 nrows 和 ncols 给出了行列数，xllcorner、yllcorner 是数据西南角（左下角）的栅格点地理空间坐标，其余点的坐标能够基于这个起始点用 DEM 数据格网的分辨率 cellsize 计算偏移量获得。

明码的高程数据可利用数组来组织，便于后面 glVertex3f()函数获得顶点信息。

2. 位置与高程数据表示

计算模式采用图 5.2.1 中的方式建立点、线、面的可视化高程模型。例如，线框模型可用下面的代码来构建。

```
void OnLineMode()
{
    glPushMatrix();
    for(int i = 0; i < nrows; i++)        //行
```

```
        {
            glBegin(GL_LINE_STRIP);
            for(int j = 0; j < ncols; j++)   //列
            {
                x = (originx + j * CELLSIZE) / 1000;
                y = (originy + (nrows - 1 - i) * CELLSIZE) / 1000;
                z = Dem[i][j] / dem_overstate;
                OnColorGrade(z);
                glVertex3f(x,y,z);
            }
            glEnd();
        }
        for(int j = 0; j < ncols; j++)
        {
            glBegin(GL_LINE_STRIP);
            for(int i = 0; i < nrows; i++)
            {
                x = (originx + j * CELLSIZE) / 1000;
                y = (originy + (nrows - 1 - i) * CELLSIZE) / 1000;
                z = Dem[i][j] / dem_overstate;
                OnColorGrade(z);
                glVertex3f(x,y,z);
            }
            glEnd();
        }
        glPopMatrix();
}
```

3. 分层设色

通常不同高度带的地形都要用一些习惯用色或色彩组合来渲染，称为分层设色。例如，ESRI 使用的 "Terrain Elevation" 预置高程色彩，或者从

高山至平原依次用"白色-棕褐色-红色-黄色-绿色"的系列,代码如下所示:

```
void OnColorGrade(float elevation)
{
//设置分级色彩,共 12 个级
    glShadeModel(GL_SMOOTH);
    if(elevation < 5)
        glColor3ub(2, 97, 3);
    else if(elevation >= 5 && elevation < 7.80)
        glColor3ub(51, 119, 6);
    else if(elevation >= 7.80 && elevation < 11.8)
        glColor3ub(90, 149, 7);
    else if(elevation >= 11.8 && elevation < 14.0)
        glColor3ub(132, 180, 0);
    else if(elevation >= 14.0 && elevation < 16)
        glColor3ub(178, 206, 0);
    else if(elevation >= 16 && elevation < 19)
        glColor3ub(229, 241, 0);
    else if(elevation >= 19 && elevation < 21)
        glColor3ub(254, 246, 25);
    else if(elevation >= 21 && elevation < 22)
        glColor3ub(255, 199, 1);
    else if(elevation >= 22 && elevation < 24)
        glColor3ub(252, 166, 5);
    else if(elevation >= 24 && elevation < 28)
        glColor3ub(252, 129, 0);
    else if(elevation >= 28 && elevation < 38)
        glColor3ub(255, 86, 0);
    else if(elevation >= 38)
        glColor3ub(254, 35, 0);
}
```

4. 真实感效果设置

不同区域的地形，场景背景颜色、光照、视点、垂直方向夸张程度的参数要分别设置，以突出最佳视觉效果。例如，一个海拔 500～4 500 m 的区域，光照环境设置如下：

```
void SetupLights()
{
    GLfloat ambientLight[] = { 0.1, 0.1, 0.1, 1.0 };
    GLfloat diffuseLight[] = { 1.0, 1.0, 1.0, 1.0 };
    GLfloat specularLight[] = { 1.0, 1.0, 1.0, 1.0 };
    GLfloat lightPos[] = { 10.0, 700.0, 200.0, 1.0 };

    glEnable(GL_LIGHTING);
    glLightfv(GL_LIGHT0,GL_AMBIENT,ambientLight);
    glLightfv(GL_LIGHT0,GL_DIFFUSE,diffuseLight);
    glLightfv(GL_LIGHT0,GL_SPECULAR,specularLight);
    glLightfv(GL_LIGHT0,GL_POSITION,lightPos);

    glEnable(GL_LIGHT0);
    glEnable(GL_COLOR_MATERIAL);
    glColorMaterial(GL_FRONT,GL_AMBIENT_AND_DIFFUSE);
    glMaterialfv(GL_FRONT,GL_SPECULAR,specularLight);
    glMateriali(GL_FRONT,GL_SHININESS, 100);
}
```

考虑观察的角度和地形本身属性，有必要通过菜单切换，三维地形能以点、线、面的方式给出，并随时间变化进行环绕观察。最终效果如图 5.2.5 所示。

思考

（1）三维地形可以用哪些方法来表达？

（2）写一个基于 DEM 的三维地形模型的工程。

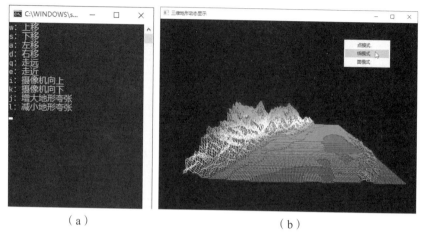

（a）   （b）

图 5.2.5   使用 DEM 数据三维建模的实验结果

5.3   摄像机漫游

提示：连续改变视点的位置并使图形重绘，可形成类似在三维地形上飞行的效果。

5.3.1   漫游原理

在现实生活中，我们通过眼睛来观察所有东西的，当物体移动时眼睛也跟着移动，从而使周围的事物反映到大脑中，达到漫游的效果。

在 OpenGL 中也可以实现这样的效果。前面学到的设置视口函数 gluLookAt() 的原型如下：

void gluLookAt(GLdouble eyeX,GLdouble eyeY,GLdobule eyeZ,
         GLdouble centerX,GLdouble centerY,GLdouble centerZ,
         GLdouble upX,GLdouble upY,GLdouble upZ);

其中，前 3 个参数（eyeX，eyeY，eyeZ）定义了视点的位置，即观察者的位置（相当于人的眼睛）；中间 3 个参数（centerX，centerY，centerZ）定义了摄像机瞄准的参考点，它决定了摄像机的朝向；最后 3 个参数（upX，upY，upZ）定义了摄像机的向上向量，即观察物体时头部的朝向姿态，一般把它定义为(0,1,0)。

在前面的程序中，一般默认把观察点设置为(0,0,0)，即原点位置，这也是为什么在绘制图形时总是把物体移入屏幕一段距离的原因。试想如果物体的 z 坐标大于 0，那么它就跑到观察者后面去了，当然在屏幕上就看不见它们了。为了达到漫游的目的，可以通过改变视点、摄像机瞄准点在场景中的位置来实现：

（1）改变视点的 x 分量 eyeX，能实现在场景中做横向移动。

（2）改变视点的 y 分量 eyeY，能改变眼睛的位置，从而完成场景中人物的蹲下、跳起等动作。

（3）改变视点的 z 分量 eyeZ，能实现在场景中做前后移动。

另外，对于摄像机瞄准点的变化，相当于观察者站立不动，但其观察方向在上下左右方向进行变化。

因此，可以首先定义一台摄像机，通过键盘和鼠标的控制不断改变其在场景中的位置和方向，然后在每次渲染场景之前重新设置该摄像机的属性，即可实现漫游的效果。

5.3.2　漫游类的封装

这里介绍一些构造摄像机类的准备工作。由于要在场景中不断更新摄像机的位置和方向等信息，在此过程中需要涉及向量的加减、叉积等运算，所以先定义一个向量类 Vector3，再对有关向量的基本操作进行定义。

```
class Vector3
{
public:
    Vector3()    { x = 0.0; y = 0.0; z = 0.0; }
    Vector3(float xx,float yy,float zz)
    {
        x = xx;    y = yy;    z = zz;
    }
    Vector3(const Vector3& vec)
    {
        x = vec.x;        y = vec.y;      z = vec.z;
    }
```

```
        inline float length();                    // 计算向量长度
        Vector3 normalize();                       // 单位化向量
        float dotProduct(const Vector3& v);        // 计算点积
        Vector3 crossProduct(const Vector3& v);    // 计算叉积

        /** 重载操作符 */
        Vector3 operator+ (const Vector3& v);
        Vector3 operator- (const Vector3& v);
        Vector3 operator* (float scale);
        Vector3 operator/ (float scale);
        Vector3 operator- ();
    public:
            float x,y,z;
    };
```

Vector3 类是一个三维向量类，它将包含 3 个浮点型成员 x、y 和 z。其中，成员函数 length()计算向量的长度，normalize()单位化一个向量，dotProduct()计算两个向量的点积，crossProduct()计算两个向量的叉积。重载操作符，是用于两个向量的相加乘除等操作，用于平移或缩放向量。这些设计都比较简明，例如：

```
    inline float Vector3::length()             // 计算向量的长度
    {
        return(float)(x * x + y * y + z * z);
    }


    Vector3 Vector3::normalize()               // 单位化向量
    {
        float len = length();                  // 先计算向量长度,再归一
        if(len == 0 )len = 1;
        x = x / len;     y = y / len;     z = z / len;
        return *this;
    }
```

```
float Vector3::dotProduct(const Vector3& v)        // 点积
{
    return(x * v.x + y * v.y + z * v.z);
}

Vector3 Vector3::crossProduct(const Vector3& v)    // 叉积
{
    Vector3 vec;
    vec.x = y * v.z - z * v.y; vec.y = z * v.x - x * v.z; vec.z = x * v.y - y * v.x;
    return vec;
}

Vector3 Vector3::operator +(const Vector3& v)      // 重载操作符+
{
    Vector3 vec;
    vec.x = x + v.x;     vec.y = y + v.y;     vec.z = z + v.z;
    return vec;
}
```
　　主要是摄像机类 Camera 的构造过程，通过对它的定义和封装，可以在应用程序中使用它，从而实现漫游的效果。
　　这类 Camera 的定义如下：
```
class Camera
{
public:
    Camera();
    ~Camera();

    // 获得摄像机状态方法
    Vector3 getPosition(){return m_Position;}
    Vector3 getView(){return m_View;}
```

```
Vector3 getUpVector(){return m_UpVector;}
float    getSpeed(){return m_Speed;}

// 设置速度
void setSpeed(float speed)
{
    m_Speed    = speed;
}
// 设置摄像机的位置,观察点和向上向量
void setCamera(float positionX,float positionY,float positionZ,
               float viewX, float viewY, float viewZ,
               float upVectorX,float upVectorY,float upVectorZ);
// 旋转摄像机方向
void rotateView(float angle,float X,float Y,float Z);
// 根据鼠标设置摄像机观察方向
void setViewByMouse();
// 左右摄像机移动
void yawCamera(float speed);
// 前后移动摄像机
void moveCamera(float speed);
// 放置摄像机
void setLook();
// 得到摄像机指针
static Camera* GetCamera(void) { return m_pCamera;}
private:
// 摄像机属性
static Camera    *m_pCamera;      // 当前全局摄像机指针
Vector3          m_Position;      // 位置
Vector3          m_View;          // 朝向
Vector3          m_UpVector;      // 向上向量
float            m_Speed;         // 速度
```

```
};
```

成员函数 rotateView()该将摄像机绕向量(*x*,*y*,*z*)旋转 angle 度，它主要用在根据鼠标移动对摄像机的方向进行调整和更新。向量 newView，它将保存在 m_Position 处绕(*x*,*y*,*z*)旋转 angle 角度的增量。

```
void Camera::rotateView(float angle,float x,float y,float z)
{
    Vector3 newView;
    Vector3 view = m_View - m_Position;        // 计算方向向量
    float cosTheta = (float)cos(angle);
    float sinTheta = (float)sin(angle);
    // 计算旋转向量的 x 值
    newView.x    = (cosTheta + (1 - cosTheta) * x * x) * view.x;
    newView.x += ((1 - cosTheta) * x * y - z * sinTheta)  * view.y;
    newView.x += ((1 - cosTheta) * x * z + y * sinTheta)  * view.z;
    // 计算旋转向量的 y 值
    newView.y    = ((1 - cosTheta) * x * y + z * sinTheta) * view.x;
    newView.y += (cosTheta + (1 - cosTheta) * y * y) * view.y;
    newView.y += ((1 - cosTheta) * y * z - x * sinTheta)  * view.z;
    // 计算旋转向量的 z 值
    newView.z    = ((1 - cosTheta) * x * z - y * sinTheta)  * view.x;
    newView.z += ((1 - cosTheta) * y * z + x * sinTheta)  * view.y;
    newView.z += (cosTheta + (1 - cosTheta) * z * z) * view.z;
    // 更新摄像机的方向
    m_View = m_Position + newView;
}
```

在 Camera 类中，根据鼠标进行摄像机方向的更新也是非常重要的。setViewByMouse()函数根据鼠标移动来旋转摄像机，使我们能像许多第一人称游戏一样根据鼠标可能环视四周，包括巡视、向上仰视和向下俯视等。

```
void Camera::setViewByMouse()
{
    POINT mousePos;                    // 保存当前鼠标位置
```

```
        int middleX = GetSystemMetrics(SM_CXSCREEN) >> 1;
                                        // 得到屏幕宽度的一半
        int middleY = GetSystemMetrics(SM_CYSCREEN) >> 1;
                                        // 得到屏幕高度的一半
        float angleY = 0.0f;            // 摄像机左右旋转角度
        float angleZ = 0.0f;            // 摄像机上下旋转角度
        static float currentRotX = 0.0f;
        GetCursorPos(&mousePos);        // 得到当前鼠标位置
        ShowCursor(TRUE);
    // 如果鼠标没有移动,则不用更新
        if((mousePos.x == middleX) && (mousePos.y == middleY)) return;
        SetCursorPos(middleX,middleY);  // 设置鼠标位置在屏幕中心
        // 得到鼠标移动方向
        angleY = (float)((middleX - mousePos.x)) / 1000.0f;
        angleZ = (float)((middleY - mousePos.y)) / 1000.0f;
        static float lastRotX = 0.0f;   // 用于保存旋转角度
        lastRotX = currentRotX;
        currentRotX += angleZ;          // 跟踪摄像机上下旋转角度
        // 如果上下旋转弧度大于 1.0,我们截取到 1.0 并旋转
        if(currentRotX > 1.0f)
        {
            currentRotX = 1.0f;
            if(lastRotX != 1.0f)        // 根据保存的角度旋转方向
            {
                // 通过叉积找到与旋转方向垂直的向量
                Vector3 vAxis = m_View - m_Position;
                vAxis = vAxis.crossProduct(m_UpVector);
                vAxis = vAxis.normalize();
                // 旋转
                rotateView( 1.0f - lastRotX,vAxis.x,vAxis.y,vAxis.z);
            }
```

```
    }
    // 如果旋转弧度小于-1.0,则也截取到-1.0 并旋转
    else if(currentRotX < -1.0f)
    {
        currentRotX = -1.0f;
        if(lastRotX != -1.0f)
        {
            // 通过叉积找到与旋转方向垂直的向量
            Vector3 vAxis = m_View - m_Position;
            vAxis = vAxis.crossProduct(m_UpVector);
            vAxis = vAxis.normalize();
            //旋转
            rotateView( -1.0f - lastRotX,vAxis.x,vAxis.y,vAxis.z);
        }
    }
    // 否则就旋转 angleZ 度
    else
    {
        // 找到与旋转方向垂直向量
        Vector3 vAxis = m_View - m_Position;
        vAxis = vAxis.crossProduct(m_UpVector);
        vAxis = vAxis.normalize();
        // 旋转
        rotateView(angleZ,vAxis.x,vAxis.y,vAxis.z);
    }
    // 总是左右旋转摄像机
    rotateView(angleY, 0, 1, 0);
}
```

其中，定义了保存当前鼠标位置更新之后，摄像机需要沿左右和上下方向旋转的角度，将 currentRotX 设置成静态变量便于当上下旋转时将角度累加到上次角度值上。它的弧度值大于 1.0 时，将被截取到 1.0。这是因为，

如果 currentRotX 的值太大，上下旋转摄像机就会造成场景翻转得很厉害，必须防止摄像机做 360°的旋转。同样地，处理了与摄像机旋转角度相反的情况，如果 currentRotX 值小于 – 1.0，也把它截取到 – 1.0，并根据最后保存的角度对摄像机方向进行更新。

计算摄像机方向向量和向上向量的叉积，并将其单位化的目的是，如果要造成仰视或俯视的效果，就需要将摄像机绕某个轴进行旋转，通过计算摄像机方向向量和向上向量的叉积即可找到与其组成平面垂直的向量，也即旋转需要绕的轴。

函数 yawCamera()主要完成水平方向移动摄像机。

```
void Camera::yawCamera(float speed)
{
    Vector3 yaw;
    Vector3 cross = m_View - m_Position;
    cross = cross.crossProduct(m_UpVector);
    // 归一化向量
    yaw = cross.normalize();
    m_Position.x += yaw.x * speed;
    m_Position.z += yaw.z * speed;
    m_View.x += yaw.x * speed;
    m_View.z += yaw.z * speed;
}
```

函数先计算摄像机方向向量和向上向量的叉积，找到水平移动方向的向量，并将其单位化。再根据向量 yaw 和速度 speed 更新摄像机位置。最后更新摄像机的瞄准位置。

函数 moveCamera()实现移动摄像机。

```
void Camera::moveCamera(float speed)
{
    // 计算方向向量
    Vector3 vector = m_View - m_Position;
    vector = vector.normalize();          // 单位化
    // 更新摄像机
```

```
    m_Position.x += vector.x * speed;        // 根据速度更新位置
    m_Position.z += vector.z * speed;
    m_Position.y += vector.y * speed;
    m_View.x += vector.x * speed;            // 根据速度更新方向
    m_View.y += vector.y * speed;
    m_View.z += vector.z * speed;
}
```

这里是沿摄像机方向进行移动，所以不需要计算叉积。函数先处理摄像机的移动方向向量，并将其单位化。再根据移动速度 speed 更新摄像机的位置和瞄准点位置。

最后，可以实现放置摄像机的函数 setLook() 了。

```
void Camera::setLook()
{
    gluLookAt(m_Position.x,m_Position.y,m_Position.z,    // 设置视点
              m_View.x,m_View.y,m_View.z,
              m_UpVector.x,m_UpVector.y,m_UpVector.z);
}
```

函数调用了 gluLookAt()，把它的参数设置为摄像机的属性值。这个函数将在每次绘制场景之前被调用。

在场景中的漫游效果如图 5.3.1 所示。

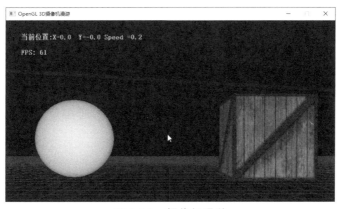

图 5.3.1　摄像机漫游

思考

（1）如何把摄像机漫游应用在三维地形飞行中？

（2）结合图 5.3.1，讨论模型、视景体、屏幕和视点的关系。

5.4　天空盒

提示：在半球或者长方体上贴图，为场景增添环境效果，进一步增强真实感。

有天空和地形起伏的场景看上去更加真实。可以构造一种天空，使用户能看见蓝天白云，这样会给人一种非常真实的沉浸感。

要想在 3D 场景中构造出天空，可以有多种方法来实现。第一种方法就是在半球上用一种接近天空的淡蓝色来清除背景，然后在上面用白色绘制出白云，这种方法非常简单，但比较粗糙且逼真度不高。

第二种方法就是绘制一个长方体的盒子，然后将纹理贴到各个多边形上。此方法只要纹理贴图使用的足够好，就会达到很好的视觉效果。

另外，构造天空还可以通过绘制一个半球体，使之罩在地面上以达到视觉上的真实感。

5.4.1　天空盒原理

天空盒方法，实际就是在一个长方体的各个表面上贴上纹理，在场景中漫游时就会看到已经贴上蓝天白云纹理的天空了。当然，为了达到真实天空的效果需要对构成天空的纹理图片进行一些特殊限制，如顶面图片需要和前后左右 4 幅图的上边相连，如图 5.4.1 所示。地面的图片需要和前后左右 4 幅图的下边相连，而且上下左右的 4 幅图片必须首尾相连，如图 5.4.2 所示。

天空盒技术一般适用于室内和室外小范围移动的场景，只要通过使用优质无缝的纹理就可以为用户提供相当不错的真实感画面。由于此方法简单、效率高，而且效果好，被广泛应用于 3D 场景中。

图 5.4.1　顶面和前后左右相连

图 5.4.2　前后左右 4 幅图相连

5.4.2　天空类实现

这里定义一个天空盒类 CSkyBox 来说明天空盒的构造和渲染。

天空盒类 CSkyBox 至少需要有 5 幅纹理及盒子的细节如长度、宽度和高度等。另外，它还应该提供相应的接口初始化和渲染等。

因为使用了图片作为纹理，假设 CBMPLoader 是图像读写的类，而类 Camera 是上一节构造的摄像机类。

```
class CSkyBox
{
public:
    CSkyBox();
    ~CSkyBox();
    bool init();                          // 初始化
    void render();                        // 渲染
private:
    CBMPLoader    m_texture[5];           // 天空盒纹理
    Vector3       m_CameraPos;            // 当前摄像机位置
    float         length;                 // 长度
    float         width;                  // 宽度
    float         height;                 // 高度
    float         yRot;                   // 绕 y 轴旋转
};
```

其中，数组 m_texture[]用于载入天空盒的前后左右和上顶面 5 幅纹理。m_CameraPos 三维向量用于保存当前摆像机的位置。length、width 和 height 是天空盒的长度、宽度和高度。变量 yRot，用于控制天空盒绕 y 轴旋转的角度。

初始化函数 init()的目的是完成 5 幅纹理的载入。

```
bool CSkyBox::init()
{
    char filename[128];                   // 用来保存文件名
    char *bmpName[] = { "back","front","top","left","right"};
    for(int i=0; i< 5; i++)
    {
        sprintf(filename,"data/%s",bmpName[i]);
        strcat(filename,".bmp");
        if(!m_texture[i].LoadBitmap(filename))    // 载入位图文件
        {
            MessageBox(NULL,"装载位图文件失败!","错误",MB_OK);
```

```
                                           // 如载入失败则提醒用户
        exit(0);
    }
    glGenTextures(1, &m_texture[i].ID);   // 生成一个纹理对象
    glBindTexture(GL_TEXTURE_2D,m_texture[i].ID);
                                           // 创建纹理对象
                                           // 设置纹理参数

    glTexParameteri(GL_TEXTURE_2D,GL_TEXTURE_MIN_FILTER,GL_
LINEAR_MIPMAP_NEAREST);

    glTexParameteri(GL_TEXTURE_2D,GL_TEXTURE_MAG_FILTER,GL
_LINEAR);

    glTexParameteri(GL_TEXTURE_2D,GL_TEXTURE_WRAP_S,GL_CL
AMP_TO_EDGE);

    glTexParameteri(GL_TEXTURE_2D,GL_TEXTURE_WRAP_T,GL_CL
AMP_TO_EDGE);                              // 创建纹理

    gluBuild2DMipmaps(GL_TEXTURE_2D,GL_RGB,m_texture[i].imageWidth,
m_texture[i].imageHeight,GL_RGB,GL_UNSIGNED_BYTE, m_texture[i].image);
    }
    return true;
}
```

其中，LoadBitmap()是 CBMPLoader 类载入位图文件的方法。

天空盒的渲染函数 render()首先获得当前摄像机的位置，然后平移变换到该位置绘制天空盒的 5 个表面，示例如下：

```
void CSkyBox::render()
{
    m_CameraPos = Camera::GetCamera()->getPosition();
```

```
    glDisable(GL_LIGHTING);                              // 关闭光照
    glEnable(GL_TEXTURE_2D);
    // 开始绘制
    glPushMatrix();
    glTranslatef(m_CameraPos.x,m_CameraPos.y,m_CameraPos.z);
    glRotatef(yRot,0.0f,1.0f,0.0f);
    // 绘制背面
    glBindTexture(GL_TEXTURE_2D,m_texture[0].ID);
    glBegin(GL_QUADS);
        glTexCoord2f(1.0f, 0.0f); glVertex3f(width, -height, -length);
        glTexCoord2f(1.0f, 1.0f); glVertex3f(width, height, -length);
        glTexCoord2f(0.0f, 1.0f); glVertex3f( -width, height, -length);
        glTexCoord2f(0.0f, 0.0f); glVertex3f( -width, -height, -length);
    glEnd();
    // 绘制前面
    glBindTexture(GL_TEXTURE_2D,m_texture[1].ID);
    glBegin(GL_QUADS);
        glTexCoord2f(1.0f, 0.0f); glVertex3f( -width, -height,length);
        glTexCoord2f(1.0f, 1.0f); glVertex3f( -width, height,length);
        glTexCoord2f(0.0f, 1.0f); glVertex3f(width, height,length);
        glTexCoord2f(0.0f, 0.0f); glVertex3f(width, -height,length);
    glEnd();
    // 绘制顶面
    glBindTexture(GL_TEXTURE_2D,   m_texture[2].ID);
    glBegin(GL_QUADS);
        glTexCoord2f(0.0f, 1.0f); glVertex3f(width,height, -length);
        glTexCoord2f(0.0f, 0.0f); glVertex3f(width,height, length);
        glTexCoord2f(1.0f, 0.0f); glVertex3f( -width,height, length);
        glTexCoord2f(1.0f, 1.0f); glVertex3f( -width,height, -length);
    glEnd();
    // 绘制左面
```

```
glBindTexture(GL_TEXTURE_2D,m_texture[3].ID);
glBegin(GL_QUADS);
    glTexCoord2f(1.0f, 1.0f);    glVertex3f( -width, height, -length);
    glTexCoord2f(0.0f, 1.0f);    glVertex3f( -width, height, length);
    glTexCoord2f(0.0f, 0.0f);    glVertex3f( -width, -height, length);
    glTexCoord2f(1.0f, 0.0f);    glVertex3f( -width, -height, -length);
glEnd();
// 绘制右面
glBindTexture(GL_TEXTURE_2D,m_texture[4].ID);
glBegin(GL_QUADS);
    glTexCoord2f(0.0f, 0.0f); glVertex3f(width, -height, -length);
    glTexCoord2f(1.0f, 0.0f); glVertex3f(width, -height, length);
    glTexCoord2f(1.0f, 1.0f); glVertex3f(width, height, length);
    glTexCoord2f(0.0f, 1.0f); glVertex3f(width, height, -length);
glEnd();
glPopMatrix();               // 绘制结束
glDisable(GL_TEXTURE_2D);    // 关闭纹理
yRot += 0.01f;
if(yRot > 360.0f)
    yRot = 0.0f;
}
```

上面通过调用 Camera 类的静态方法 GetCamera()获得当前摄像机指针，从而获得其当前位置。绘制时将当前状态压入堆栈，通过模型变换，将其置于当前摄像机位置处，然后让其绕 y 轴进行旋转。

随后，绘制天空盒背面，即指定纹理，通过绘制四边形(GL_QUADS)来绘制一个表面。依次绘制出天空盒的前面、顶面、左面和右面后，再弹出堆栈。最后，关闭纹理映射，更新转变量 yRot 的值。

关闭纹理一方面有利于提高程序的运行性能，也便于对程序中多种状态进行控制。如果程序中不再使用某些状态时，一定要记住将其关闭。

由 OpenGL 库函数中二次曲面构造的天空盒如 5.4.3 所示。

图 5.4.3   二次曲面构造的天空盒下的不同场景

思考

（1）实现天空盒有哪两种基本方法？

（2）用作天空盒的图片有什么特点？

6

使用三维软件表达地理空间场景

6.1 开源跨平台三维建模软件 Blender

提示：Blender 是普通用户能够迅速上手的三维建模软件，功能强大而且开源，可以制作工作级别的电影。

Blender 是一款开源的跨平台全能三维动画、游戏、特效、影视、VR/AR 制作软件（见图 6.1.1），提供从建模、动画、材质、渲染、音频处理、视频剪辑等一系列动画短片制作解决方案。

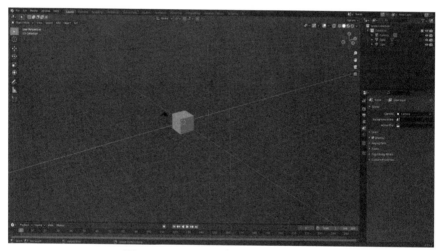

图 6.1.1 Blender 常用三维建模界面

6.1.1 Blender 简介

Blender 是一个开源的多平台轻量级全能三维动画制作软件，提供从建模、雕刻、绑定、粒子、动力学、动画、交互、材质、渲染、音频处理、视频剪辑以及运动跟踪、后期合成等一系列动画短片制作解决方案。

Blender 以 Python 为内建脚本，支持 yafaray 渲染器，同时还内建游戏引擎，商业创作永久免费。

Blender 拥有方便在不同工作方式下使用的多种用户界面，内置绿屏抠像、摄像机反向跟踪、遮罩处理、后期节点合成等高级影视解决方案。同时还内置有卡通描边和基于 GPU 技术 Cycles 渲染器。Blender 可以被用来进行 3D 可视化，同时也可以创作广播和电影级品质的视频。另外，内置的实时 3D 游戏引擎，让制作独立回放的 VR/AR/3D 互动内容成为可能。

Blender 游戏引擎具有跨平台支持功能，它基于 OpenGL 的图形界面在任何平台上都是一样的，而且可以通过 Python 脚本自定义，可以工作在所有主流的 Windows10/8/7、Linux、OSX 等操作系统上。高质量的 3D 架构带来了快速高效的创作流程，每次版本发布都会在全球有超过 20 万的下载量，是轻量级 3D 游戏引擎。

6.1.2 Blender 的发展历史

1988 年，彤·罗森达尔（Ton Roosendaal）与人合作创建了位于荷兰的动画工作室 NeoGeo，很快成为荷兰最大的 3D 动画工作室，跻身欧洲顶尖动画制作者行列。NeoGeo 为一些大公司客户，如跨国电子公司飞利浦创作的作品曾经荣获 1993 年和 1995 年的欧洲企业宣传片奖。Ton 在 NeoGeo 内部主要负责艺术指导和软件开发工作。经过仔细考察，Ton 认为当时公司内部使用的 3D 套件过于陈旧复杂，维护和升级困难，于是在 1995 年重写了 3D 套件，这正是众所周知的 Blender。

1998 年，Ton 决定成立一家 NeoGeo 的衍生公司，名为 Not a Number Technologies，简称 NaN，目的是进一步运营和发展 Blender。NaN 公司的核心目标是创建并发行一款紧凑且跨平台的免费 3D 创作套件。这一想法在大多数商业建模软件都要卖上千美元的当时是革命性的。NaN 公司希望将专业 3D 建模和动画工具带给普通人，其商业模型包括了提供 Blender 游戏引擎周边的商业产品和服务。1999 年，NaN 公司为了推广而第一次参加了 Siggraph（计算机图形行业的年度大会）。Blender 第一次 Siggraph 之旅获得了巨大成功，受到媒体和出席者极大的关注，引起了轰动，证明了它的巨大开发潜力。

NaN 公司在 2000 年年初从风险投资者手中获得了 450 万欧元的投资，这笔巨资让公司得以快速扩张，不久就有 50 名员工在世界各地为 Blender 的改进和推广工作。2000 年夏天，Blender v2.0 发布，这一版本在 3D 套件中加入了集成的游戏引擎。到 2000 年年底，NaN 公司网站的注册用户超过 25 万。不幸的是 NaN 公司的雄心与机遇并不符合当时公司的能力和市场环境。过快的膨胀导致在 2001 年 8 月通过新的投资人整合改组，被重新组建为一个较小的公司。半年后 NaN 公司发售了第一款商业软件 Blender

Publisher。该产品针对的是当时新兴的网络交互式 3D 媒体市场，由于不佳的销售业绩和当时困难的经济环境，新的投资人决定关闭 NaN 公司的所有业务，包括停止 Blender 游戏引擎的开发。尽管当时的 Blender 游戏引擎有内部结构复杂、功能实现不全、界面不规范等明显的缺点，但用户社区的热情支持和已经购买了 Blender Publisher 的消费者们让 Ton 没有就此离开 Blender 引退。因为再重新组建一个公司已不可行，Ton 于 2002 年 3 月创办了非营利组织 Blender 基金会。

Blender 基金会的主要目标，是寻求能让 Blender 作为基于社区的开源项目被继续开发和推广。2002 年 7 月，Ton 成功地让 NaN 公司的投资者同意 Blender 基金会尝试让 Blender 开源发布的独特计划。2002 年 10 月 13 日，Blender 游戏引擎在 GNU 通用公共许可证的授权下向世人发布，用户可以随意下载并可在多台计算机上运行，只需要同意并遵守自由软件基金会制定的开源协议即可。用户还可以下载 Blender 游戏引擎的源代码，但是需要随版本提供一份许可证的复制，以保证程序接受者可以了解此协议下的权利。Blender 游戏引擎的开发持续至今日，在创始人 Ton 的领导下，遍布世界的勤奋志愿团队不断地推动着这一工作。

6.1.3　Blender 功能特性

Blender 游戏引擎功能特性主要包括支持网格、曲线、NUBRS 曲面、元对象、文本对象、骨骼、空对象、晶格、相机、灯光、力场、雕刻与纹理绘制、毛发系统、编辑工作流以及后期等。

（1）网格：由"面、边、顶点"组成的对象，能够被网格命令编辑修改的物体。虽然 Blender 支持的是网格（Mesh）而非多边形，但其编辑功能强大，常见的修改命令基本都有。从 Blender 2.63 版以后，支持 N 边面（N-sided），不比支持 Polygon 的软件弱。而且 Blender 的网格具有很好的容错性，能支持非流形网格（non-manifoldMesh）。

（2）曲线：曲线是数学上定义的物体，能够使用权重控制手柄或控制锚点操纵，也就是一般矢量软件中常见的钢笔曲线。但由于该特性负责的人少，缺乏技术人员，还基本处于半成品的状态。只有最初级的修改命令，像一些常见命令，如曲线锚点的断开等，默认还不支持。

（3）NUBRS 曲面：是可以使用控制手柄或控制点操纵表面的四边，

有光滑简单的外形。和曲线一样，由于缺乏开发人员，因此仅具有最初级的修改命令，还缺实用的功能像曲面的相互切割，倒角、双线放样，插入等参线等常见的 Nurbs 命令。

（4）元对象：即融球，或变形球（Metaballs）。由定义物体三维体积存在的对象组成的，当有两个或两个以上的融球时可以创建带有液体质量的 Blobby 形式，但只支持添加默认物体，不支持使用自定义的网格进行外形生成。

（5）文本对象：创建一个二维的字符串，用来生成三维字体。但由于 Blender 的先天缺陷，在 Windows 平台下，不支持直接输入中文，必须先在记事本输入，然后粘贴到编辑框。而且在进行字体切换选择时，也看不到字体文件内置的中文名称，只能看见原始的文件名。因此，在 Blender 中想要制作中文 3D 字，是比较麻烦的。

（6）骨骼：骨骼用于绑定 3D 模型中的顶点，以便它们能摆出 pose 和做出动作。自带的样条骨骼是一种特殊骨骼，可以在不依赖样条线 IK 的情况下，制作出柔软的曲形过渡。而封套这种绑定方式也被定义成一种骨骼样式。

（7）空对象：也就是一般软件中常见的辅助对象，是简单的视觉标记，常有变换属性。但不可被渲染。它们常常被用来驱动控制其他物体的位置和约束。它也可以读入一个图像作为建模参考图。

（8）晶格：使用额外的栅格物体包围选定的网格，通过调整这个栅格物体的控制点，让包住的网格顶点产生柔和的变形。但晶格创建时，并不会匹配选择物体的边界框，需要用户手工进行匹配。

（9）相机：即摄影机，是用来确定渲染区域的对象，提供了对角、九宫、黄金分割等多种构图参考线。可以设定一个焦点物体，用于在模拟景深时提供参考。

（10）灯光：它们常常用来作为场景的光源，Blender 游戏引擎下自带的光源类型有点光源（泛光灯）、阳光（平行光）、聚光灯、半球光、面光源（区域光）。其他引擎还能使用自发光制作网格光源。

（11）力场：用来进行物理模拟，它们用于施加外力影响，可以影响到刚体、柔体以及粒子等，使其产生运动，常作用于空对象（辅助对象）上。

（12）雕刻与纹理绘制：这两个模式下的笔刷都是基于"屏幕投影"进行操作的，而非笔刷所在网格的"面法线方向"。由于 Blender 游戏引擎并不存在法线笔刷（笔刷选择也是屏幕投影），所以在操作方式和手感上，会和一般基于法线笔刷的雕刻类软件，或纹理绘制类的软件有所区别。

（13）毛发系统：Blender 游戏的毛发系统是基于粒子的，所以必须先创建粒子系统才能生成毛发。虽然粒子本身支持碰撞，但毛发系统并不支持碰撞。因此当毛发需要产生碰撞动画时，可以借助力场物体进行模拟，从而制作假碰撞的效果。

（14）编辑工作流：Blender 游戏引擎不支持可返回修改的节点式操作，任何物体创建完成或者编辑命令执行完毕后，修改选项就会消失，不可以返回修改参数。如果非要修改历史记录中某一步的操作参数，只能先撤销到这步，在修改完毕后，手工重新执行一遍后续的所有修改。

（15）后期：视频编辑是一个针对图像序列以及视频文件处理的简单的非线剪辑模块，可以设置转场，添加标题文字、音频以及简单的调色等操作。和市面上一些常见的非线软件的区别在于，它自带的特效部分非常简单，很多时候是依赖 Blender 游戏引擎自身的功能，需要先将特效渲染出来，或者经过合成节点的处理后（如太阳光斑、抠像），并且输出成图像序列，才能继续进行合成制作，以达到理想的设计效果。

6.1.4　Blender 支持的渲染器

（1）Blender 内部默认内置的渲染引擎，简称 BI（Blender Intemal）。使用 CPU 进行渲染计算，能渲染毛发，支持自由式卡通描边等，达到一些 Cycles 无法渲染的效果，材质支持完善，支持贴图烘焙。

（2）Cycles 默认自带的渲染引擎，简称 CY。2011 年发布 2.60 版时新加入的渲染引擎，能使用 CPU 或 GPU 进行渲染计算，并且支持 OSL（CPU 模式），使用显卡渲染和较弱的 CPU 相比，能大大减少渲染时间。

使用的光线算法为路径追踪，该算法的优点是设置参数简单，结果准确，但缺点是噪点多，且容易产生萤火虫（白色光点）。成倍提高参数或消减射线数量能消除，但渲染时间会大大增加或导致渲染结果失真。

（3）LuxRender 是一款基于物理渲染引擎、真实的开源渲染器。根据渲染方程来模拟光的传输，生成物理真实的图像。它是一个基于 PBRT 项目，但不同之处在于它关注的是产品渲染和艺术效果，而非学术和科学目的。它同时支持无偏差（MLT/[双向]路径追踪）和偏差技术（直接照明，光子映射），物理正确光源、高级程序纹理、光谱灯光运算、动态模糊、灯光组混合。还提供 OpenGL 加速渲染功能。

（4）YafaRay 是一个免费开源的光线追踪引擎，追求高品质、照片级真实感的渲染。曾是 Cycles 出现前 Blender 自带的渲染引擎，使用的光线算法为光子映射（Photon Mapping）、最终聚集（Final Gather）。和其他的相比，YafaRay 的特点在于玻璃材质设置简单，有默认的模板可以选择，并且能够直接支持使用 IES 光域网文件，适合做一些室内场景，非常简单方便，但不支持渲染 Blender 融球物体。

（5）Mitsuba 是一个学术项目，主要用作测试平台，用于计算机图形学的算法开发。相较于其他的开源渲染器，Mitsuba 带有很多实验性的渲染算法。

（6）POV-Ray 全名 Persistence of Vision Raytracer，发展始于 20 世纪 80 年代，是一个历史悠久的自由开源渲染引擎。它使用基础文本（POV 脚本语言）描述场景生成图像，POV 脚本具备图灵完备性，可以编写宏以及循环程序。支持次表面散射（SSS）和透明度大气影响（如大雾和烟云）、光子映射、暂停和渲染后重启或关机、实时渲染模式等。

（7）Aqsis 是一个符合 RenderMan 规范的跨平台 3D 渲染引擎，注重稳定性和生产使用。功能包括构造实体几何、景深（三维深度场）、可扩展着色引擎（DSOs）、实例化、细节层次（Leve-of-detam，LOD）、运动模糊、NURBS 曲面、程序插件、可编程着色、细分曲面、子像素置换等。

Blender 创作出的电影作品包括，2005 年 9 月荷兰阿姆斯特丹发布《大象之梦》，2008 年 5 月发布《大雄兔》，2010 年 9 月在荷兰电影节发布《寻龙记》(《辛特尔》)，2012 年发布《钢之泪》《宇宙洗衣房》等。

6.1.5 Blender 植物三维建模

树是最常见的地表植被，树的建模可作为小流域生态措施和遥感反演的一个具体模型。利用 Blender 快速化构建场景环境要素，为其他植被的建模提供借鉴。

1. 建模思路

建模的主要思路是，将树的模型分为两部分：树干和枝叶。树干从立方体开始，用推拉及平移、旋转、缩放完成。枝叶用图片方式，采用粒子化方法完成。

2. 树干和树枝的建模

用 Tab 进入剖分编辑模式，用 Ctrl + R 剖分，便于树干分枝。四边形在 Blender 中容易细分。特殊情况有三角形或其他多边形的（见图 6.1.2）。反复利用 E（Extrude）、G、R、S 进行树干建模。

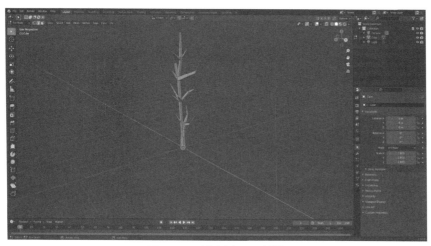

图 6.1.2　剖分树干和树枝

3. 树叶的建模

在地理信息的三维建模中，因为成本太高，一般树叶和带树叶的枝条不采用直接用顶点生成模型的方法，直接用顶点搭建的模型准确但通常不太自然，所以经常利用室外天然林木的照片作为建模的素材（见图 6.1.3）。

导入透明树枝图片，移到合适位置，旋转，摆正。树枝原点的控制采用选中树枝图片、Tab、GY/Z 等挪到树枝的端点，用 Ctrl+R 分割树枝平面，便于后期调整自然形态。

图 6.1.3 树叶建模

选中树干，应用粒子效果。如果树枝比例过小，可在 Render 的 Scale 中调大一点。一般的树木是不会从地面就开始生长枝条的，可以用组合的方式来剔除近地面总要：选中整个树干，作为一个 group；进入编辑模式，选中枝叶密集的部分 assign 进去；进入 Weight Paint 模式，涂抹局部长树枝的部分；退出所有模式，在粒子中使用 Group（见图 6.1.4）。

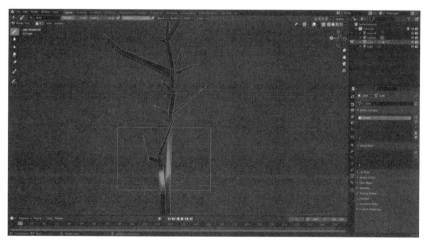

图 6.1.4 在 Blender 粒子系统中应用分组效果

最后在材质中设置树干的颜色，调整树的角度、光照，效果如图 6.1.5 所示。

图 6.1.5　在 Blender 树的三维建模

思考

（1）在系列三维建模软件中，Blender 有什么特点？

（2）使用 Blender 构建一个草禾、树木或花卉模型。

6.2　利用 Blender 生成三维精细地形

提示：Blender 支持图像值以整数存储，利用这一特性，通过添加着色器，把高程数据映射到存储范围内，实现更精细的三维表达。

三维地形表达是使 DTM 建模中最具有可视化效果的场景。

6.2.1　数据准备

Blender 就是通过读取高程数据中各像素的灰度值来获取相应的高度信息，然后建立起 3D 模型。Blender 仅读取灰度值，对其空间坐标信息不敏感，读入到 Blender 中的空间坐标信息就没了，所以不一定非要 TIFF 数据才行，只要是灰度栅格图像，如 PNG 和 JPEG 格式，在保证像素类型正确的前提下，都是可以通过 Blender 建立 3D 模型的。

制作 3D 模型需要高程数据。要保证高程和遥感影像数据的范围、投影、分辨率和图像表达格式是一致的。

为后面渲染中呈现高程的细节效果，最重要的是把高程数据进行范围拉伸。范围拉伸是指把高程数据的范围扩大，普通的高程数据一般为 0 ~ 4 000。采用拉伸的两个重要原因：

（1）适配 Blender。如果以 42 ~ 2 283 这样的范围导入 Blender，最终的成果建模是非常平坦，就像一张白纸。

（2）保留细节。一般来说，高程数据的像素数据类型是浮点型，是小数形式，而 Blender 支持整数，所以需要转换。如果不拉伸直接转换，小数会被四舍五入成整数，数据丢失，反映到模型上就是细节丢失、不连续。

由于这两个原因，所以必须先对高程数据进行拉伸。拉伸的幅度依据：

（像素值 − 最低值）/（最高值 − 最低值）× 65 535

6.2.2　创建三维地理空间模型

创建三维立体地形模型，充分利用 Blender 的材质、表面细分和置换等功能。主要步骤如下：

（1）更换渲染引擎。Blender 默认的渲染引擎是 Eevee，需要将其更换为 Cycles。

（2）修改平面。选中主界面中的立方体，使用 Delete 键删除，然后快捷键 Shift+a 调出模型添加界面，依次点击网格（Mesh）、平面（Plane），可以在主界面中央添加一个平面模型。通过修改"缩放 XYZ"来控制比例，比例需要和负载 DEM 高程信息的 TIFF 图片相匹配。

（3）材质添加。在右边的材料属性对话框中，点击新建创建材质。

（4）使用着色器编辑器创建凹凸面。点击添加（Add）/纹理（Texture）/图像纹理（Image Texture）。

（5）表面细分。表面细分会增加模型的细节程度（增加模型的多边形数），模型的顶点数量会增多。减少球体的顶点会让其表面越来越棱角分明，而增加节点会越来越光滑。表面细分被大量用于建模、用于创建复杂的表面。通常来说，顶点越多，三角面也越多，模型越精细，可以满足更为细致的地形表现。

（6）勾选自适应细分选项。Blender 程序会根据具体的图形、模型包括相机的距离姿态来自适应地更改表面的细分程度。这有助于细微处细节提升的同时提升整体的渲染性能，缩小渲染时长。

（7）置换：将灰度凹凸面置换成真正的立体模型。回到着色器编辑器界面，左上方点击添加（Add）/矢量（Vector）/置换（Displacement），添加"置换"节点。将仅凹凸（Bump Only）修改为仅置换（Displacement Only）。

可以通过修改"置换节点"的缩放条来降低地形起伏的夸张程度。

而图像边缘的拉伸状阴影可以将"图像纹理"节点中的重复（Repeat）更改为扩展（Extent）。

6.2.3　使用摄像机、光源

调整光源使模型更真实美观，提高渲染采样数获取高质量低噪点的成果图。

一般图像以中心为焦点，四周发生变化，呈现出透视效果，所以首先需要将镜头类型修改为正射。然后我们可以通过正交比例（Orthographic Scale）来控制镜头捕获图像的大小。

将灯光类型从默认的点光（Point）设置为日光（SUN），为了模仿现实情况，选择日光得到的效果更加真实。然后下方的强度/力度（Strength）从 1 000 改为 5，该值反映的是日光强度，值越大，光照强度越大，就会产生类似于相机过曝的效果，渲染出来的图像泛白更甚的就是全白。打开物体属性设置对话框，修改位置 XYZ 和旋转 XYZ 的属性可以调整光源的位置和角度。将旋转 X 设置为 0，旋转 Y 设置为 45，旋转 Z 设置为 135。

最后 Blender 输出结果如图 6.2.1 所示。

图 6.2.1　采用 Blender 的三维地理空间建模输出

思考

（1）如何提升 Blender 对地形细节渲染的程度？

（2）基于一个区域的 DEM 和遥感影像，用 Blender 进行三维建模。

6.3 基于 ArcScene 的三维地形

提示：ArcScene 是比较成熟的地理信息三维可视化平台。地表图像无须另行处理，在系统可使用多种方法来拉伸色彩。基本高度数据是 ArcScene 三维表达的基础。

在三维场景中浏览数据更加直观和真实，可提供一些平面图上无法直接获得的信息。还可直观地对区域地形起伏的形态及沟、谷、鞍部等基本地形形态进行判读，比二维图形如等高线图更容易为大部分读图者所接受。

ArcScene 应用程序是 ArcGIS 三维分析的核心扩展模块，通过在 3D Analyst 菜单条中按钮启动。它具有管理 3DGIS 数据、进行 3D 分析、编辑 3D 要素、创建 3D 图层，以及把二维数据生成 3D 要素等功能。

6.3.1 设置场景属性

在实现要素或表面的三维可视化时，需要注意以下一些问题：

（1）添加到场景中的图层必须具有坐标系统才能正确显示。

（2）为更好地表示地表高低起伏的形态，有时需要进行垂直拉伸，以免地形显示得过于陡峭或平坦。

（3）为全面地了解区域地形地貌特征，可以进行动画旋转。

（4）为增加场景真实感，需要设置合适的背景颜色。

（5）根据不同分析需求，设置不同的场景光照条件，包括入射方位角、入射高度角及表面阴影对比度。

（6）为提高运行效率，需要尽可能地缩小场景范围，去除一些不需要的信息。

6.3.2 三维数据显示

通常情况下，ArcScene 用来显示地表一般景观。如果直接用地形的分层设色来表示，变化均匀，效果可能不太好。最好是用同区域的遥感影像图或城市建筑用图作底图，而用地形数据来表示起伏。

1. 加载遥感影像图的三维立体显示

（1）整理数据。将要表达的区域的数据转为相同投影，由于遥感影像分辨率通常用"米"做单位，所以经纬度的投影方式一般要转换为米制的投影方式，如"WGS_1984_UTM_Zone_47N"。

（2）加载遥感数据。

（3）加载地形数据。

（4）调整遥感影像的图层属性。设置基本高度，加载高程数据为自定义表面浮动，并调整栅格分辨率为原始地形数据的分辨率。

（5）在符号系统中选择遥感影像的拉伸类型，使影像色彩柔和悦目。

（6）在地图文件和场景文件的设置中调整视点、光照等参数，形成整体效果。综合效果如图 6.3.1 所示。

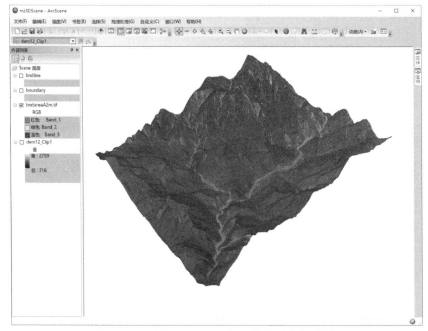

图 6.3.1　采用 ArcScene 的三维地理空间建模

2. 为三维场景加上基座

（1）生成表达区域的边界范围线文件并加载；设置基本高度，加载高程数据为自定义表面浮动，并调整栅格分辨率为原始地形数据的分辨率。

（2）在边界文件属性的拉伸页签中选择"将其用作要素的拉伸数值"。

（3）调整色彩等属性。效果如图 6.3.2 所示。

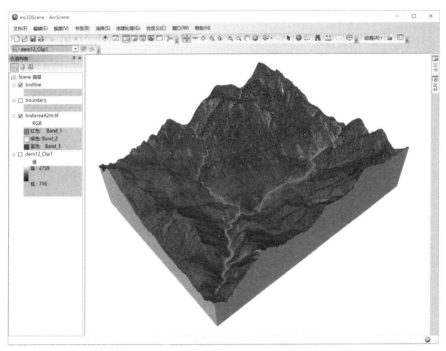

图 6.3.2　有基础的 ArcScene 三维显示

6.3.3　三维动画

1. 洪水淹没

叠加了地形数据的场景，有高程数据的支持，当然也可以表示一些特殊情况下的高程，如一个局部区域中的一个高程平面，或楼群建筑的屋顶等。粗略地，可将洪水位表示为一定高程的水平面。

（1）生成一个面文件。如无特殊需求，可生成场景显示区整个范围的面文件。

（2）加载面文件数据。根据最高洪水位设置"基本高度"页签中的偏移距离。

（3）整饰图幅，如图 6.3.3（a）所示。

2. 飞行动画

可利用时间控制洪水高程面的变化，产生动画效果，如洪水上涨或消退，如图 6.3.3（b）所示。

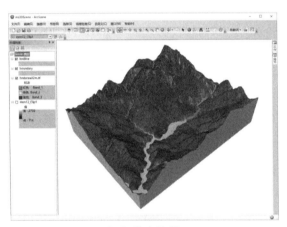

（a）洪水淹没

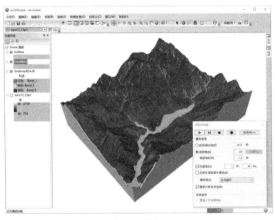

（b）动态

图 6.3.3　洪水淹没及其动态的 ArcScene 显示

在 ArcScene 中提供了制作动画的工具条。多数情况下，它没有添加到 AreScene 的视图中，可以在工具栏上点击右键，勾选"动画"，打开动画工具条。它能够制作数据动画、视角动画和场景动画。动画是由一条或多条轨迹组成，轨迹控制着对象属性的动态改变。例如，场景背景颜色的变化，图层视觉的变化或者观察点的位置的变化、轨迹是由一系列帧组成，而每一帧是某一特定时间的对象属性的快照，是动画中最基本的元素。在 ArcScene 中可以通过几种方法生成三维动画：通过创建一系列帧组成轨迹来形成动画，录制导航动作或飞行创建动画，通过捕捉不同视角并自动平滑视角间过程来创建动画，通过改变一组图层的可视化形成动画效果，或通过导入路径方式生成动画。

思考

（1）ArcScene 能够进行三维显示的关键数据层是什么？

（2）使用上一节的数据，对比 ArcScene 和 Blender 的三维渲染效果。

参考文献

［1］ V SCOTT GORDON，JOHN CLEVENGER. Computer Graphics proGramminG in openGL with C++[M]. Mercury Learning and inforMation LLC，2019.

［2］ JOEY DE VRIES. Learn OpenGL‒Graphics Programming[M]. Kendall & Welling，2020.

［3］ Raymond C H Lo，William C Y Lo. OpenGL Data Visualization Cookbook[M]. Birmingham：Packt Publishing Ltd.，2015.

［4］ SUMANTA GUHA. Computer Graphics Through OpenGL： From Theory to Experiments[M]. 3rd ed. New York：Taylor & Francis Group，LLC，2019.

［5］ K HEATHER KENNEDY. 三维空间数据建模[M]. 戴红，翁敬农，李金贵，译. 北京：清华大学出版社，2013.

［6］ 徐明亮，卢红星，王琬. OpenGL 游戏编程[M]. 北京：机械工业出版社，2009.

［7］ GRAHAM SELLERS，RICHARD S WRIGHT Jr.，NICHOLAS HAEMEL. OpenGL 超级宝典[M]. 7 版. 颜松柏,薛陶,张林苹,译. 北京：人民邮电出版社，2020.

［8］ 和克智. OpenGL 编程技术详解[M]. 北京：化学工业出版社，2010.

［9］ DAVE SHREINER，MASON WOO，JACKIE NEIDER，et al. OpenGL 编程指南[M]. 6 版. 徐波，译. 北京：机械工业出版社，2009.

［10］ DAVE SHREINER，GRAHAM SELLERS，JOHN KESSENICH，et al. OpenGL 编程指南[M]. 8 版. 王锐，等，译. 北京：机械工业出版社，2016.

［11］ 郑海鹰，李爱光，郭黎，等. 地理空间图形学原理与方法[M]. 北京：测绘出版社，2014.

［12］ EDWARD ANGEL. OpenGL 编程基础[M]. 3 版. 段菲，译. 北京：清华大学出版社，2008.

［13］ V SCOTT GORDON，JOHN CLEVENGER.计算机图形学编程[M]. 魏广程，沈瞳，译. 北京：人民邮电出版社，2020.

［14］ OLIVER VILLAR Blender 3D 动画角色创作[M]. 2 版. 张宇，译. 北

京：电子工业出版社，2017.

[15] 张金钊，张金镝，张童嫣.VR-Blender 物理仿真与游戏特效开发设计 [M]. 北京：清华大学出版社，2020.

[16] EDWARD ANGEL. Interactive Computer Graphics： A Top-Down Approach Using OpenGL[M]. 5th ed. New York：Pearson Addison Wesley，2008.

附 录

A 基于 Console 的 OpenGL 环境搭建

1. 配置

下载 OpenGL 类库的常用文件，配置应用环境。

（1）下载 OpenGL 类库的压缩包。

（2）把 glut.h 和.h 的头文件复制到 Visual Studio 中 VC 的安装路径下，例如…\Visual Studio 14.0\VC\include\GL 文件夹中。如果没有 gl 文件夹，则在 include 文件夹下新建一个。

（3）把 glut.lib 等.lib 文件放到静态函数库所在文件夹（即与上面 include 并排的 lib 文件夹下）。

（4）把 glut.dll 和 glut32.dll 等动态链接库文件放到操作系统 Windows 文件夹的下列路径下：

① 64 位系统 C：\Windows\SysWOW64。

② 32 位系统 C：\Windows\System32。

2. 绘制三角形

新建一个控制台应用程序的空工作，如 win32 控制台应用程序，将下列代码录入到源文件中，编译运行，将会显示一个三角形。

```
#include <GL/glut.h>              // 这条语句已经包含了 gl
                                  // 和 glu 的头文件


void init(void)                   // 绘制图形的一些初始化
                                  // 操作都可以放在这里
{
    glClearColor(0.0,0.0,0.0,0.0);        // 设置背景颜色为黑色
}


void myDisplay(void)
{
    glClear(GL_COLOR_BUFFER_BIT);         // 清空颜色缓存
    glBegin(GL_TRIANGLES);                // 开始画三角形
```

```
    glShadeModel(GL_SMOOTH);              // 设置为光滑明暗模式
    //设置第一个顶点为红色
    glColor3f(1.0,0.0,0.0);
    //设置第一个顶点的坐标为(-1.0,-1.0)
    glVertex2f(-1.0,-1.0);
    //设置第二个顶点为绿色
    glColor3f(0.0,1.0,0.0);
    //设置第二个顶点的坐标为(0.0,-1.0)
    glVertex2f(0.0,-1.0);
    //设置第三个顶点为蓝色
    glColor3f(0.0,0.0,1.0);
    //设置第三个顶点的坐标为(-0.5,1.0)
    glVertex2f(-0.5,1.0);
    //三角形结束
  glEnd();
  // 强制 OpenGL 函数在有限时间内运行
  glFlush();
}


void myReshape(GLsizei w,GLsizei h)
{
  glViewport(0,0,w,h);                   // 设置视口大小
  // 指明当前矩阵为 GL_PROJECTION
  glMatrixMode(GL_PROJECTION);
  glLoadIdentity();                      // 将当前矩阵置换为单位阵

  if(w <= h)               // 当窗口尺寸发生改变时确保图形不变形
    gluOrtho2D(-1.0,1.5,-1.5,1.5*(GLfloat)h/(GLfloat)w);   // 正视投影矩阵
  else
    gluOrtho2D(-1.0,1.5*(GLfloat)w/(GLfloat)h,-1.5,1.5);
```

```
    glMatrixMode(GL_MODELVIEW);
                                    // 指明当前矩阵为 GL_MODELVIEW
}

int main(int argc,char* argv[])
{
  // 初始化
  glutInit(&argc,argv);
  glutInitDisplayMode(GLUT_SINGLE|GLUT_RGB);
                                    // 显示模式为单窗口和 RGB 颜色
  glutInitWindowSize(400,400);            // 视口尺寸
  glutInitWindowPosition(200,200);        // 视口左上角位置

  //创建窗口
  glutCreateWindow("Triangle");    // 创建图形视口并设置标题内容

  //绘制与显示
  init();
  glutReshapeFunc(myReshape);      // 设置图形窗口的显示比例
  glutDisplayFunc(myDisplay);      // 使用绘图回调函数

  glutMainLoop();                  // 进入消息循环
  return(0);
}
```

B 基于 MFC 单文档的 OpenGL 环境搭建

在 MFC 上配置的内容比控制台上要多些。以下是建立一个 MyView 工程的具体步骤。

1. 设置单文档 OpenGL 开发环境

（1）添加 OpenGL 文件。

包括头文件、静态库文件和动态库文件，方法如同附录 A 所示。

（2）创建 MFC 单文档应用程序。

（3）在 stdafx.h 中添加 OpenGL 头文件。

```
//OpenGL Headers
#include <gl\gl.h>              // OpenGL32 库的头文件
#include <gl\glu.h>             // glu32 库的头文件
#include <gl\glut.h>            // OpenGL 实用库的头文件
#include <gl\glaux.h>           // glaux 库的头文件
```

（4）在 MainFrame 中设置程序标题、风格和窗口大小。

```
cs.style = WS_OVERLAPPED | WS_CAPTION | WS_THICKFRAME | WS_SYSMENU | WS_MINIMIZEBOX | WS_MAXIMIZEBOX | WS_MAXIMIZE;
    cs.lpszName = "OpenGL 最基本框架";
    //cs.cx = 500;
    //cs.cy = 500;
```

（5）设定单文档风格。

在 CMyView 中的 PreCreateWindow 中添加

```
cs.style |= WS_CLIPSIBLINGS | WS_CLIPCHILDREN;
```

（6）在 CMyView 中添加公有（public）成员变量。

```
CClientDC *m_pDC;              // Device Context 设备上下文
HGLRC  m_hRC;                  // Rendering Context 着色上下文
CRect  m_oldRect;
CString m_WindowTitle;         // 窗口标题
```

2. 设置 OpenGL 像素格式

在 CMyView 中添加保护（protected）成员函数：

（1）设置像素格式，即 OpenGL 怎样操作像素。

```
BOOL CMyView::SetupPixelFormat()
{
    static PIXELFORMATDESCRIPTOR pfd =
        {
            sizeof(PIXELFORMATDESCRIPTOR),      // pfd 结构体的大小
            1,                                  // 版本号
            PFD_DRAW_TO_WINDOW |                // 支持窗口
            PFD_SUPPORT_OPENGL |                // 支持 OpenGL
            PFD_DOUBLEBUFFER,                   // 双缓冲
            PFD_TYPE_RGBA,                      // RGBA 颜色模型
            24,                                 // 24 位色深
            0, 0, 0, 0, 0, 0,                   // 忽略颜色位
            0,                                  // 无透明度缓冲
            0,                                  // 忽略位的位移
            0,                                  // 无累积缓冲
            0, 0, 0, 0,                         // 忽略累积位
            32,                                 // 32 位深度缓冲
            0,                                  // 无裁剪缓冲
            0,                                  // 无辅助缓冲
            PFD_MAIN_PLANE,                     // 主层
            0,                                  // 保留
            0, 0, 0                             // 忽略掩盖层
        };

    int m_nPixelFormat = ::ChoosePixelFormat(m_pDC->GetSafeHdc(), &pfd);
        if(m_nPixelFormat == 0 )
        {
```

```
            MessageBox("ChoosePixelFormat failed.");
             return FALSE;
            }
        if(::SetPixelFormat(m_pDC->GetSafeHdc(),m_nPixelFormat, &pfd)
== FALSE)
            {
             MessageBox("SetPixelFormat failed.");
             return FALSE;
            }
            return TRUE;
    }
```

（2）创建着色描述表并当前化着色表。

```
    BOOL CMyView::InitOpenGL()
    {
        //Get a DC for the Client Area
        m_pDC = new CClientDC(this);
        //Failure to Get DC
        if(m_pDC == NULL)
            {
             MessageBox("Error Obtaining DC");
             return FALSE;
            }
        //Failure to set the pixel format
        if(!SetupPixelFormat())
            {
             return FALSE;
            }
        //Create Rendering Context
        m_hRC = ::wglCreateContext(m_pDC->GetSafeHdc());
        //Failure to Create Rendering Context
        if(m_hRC == 0)
```

```
        {
        MessageBox("Error Creating RC");
        return FALSE;
        }

        //Make the RC Current
        if(::wglMakeCurrent(m_pDC->GetSafeHdc(),m_hRC)==FALSE)
        {
        MessageBox("Error making RC Current");
        return FALSE;
        }
        //GetClientRect(&m_oldRect);
        // 启用阴影平滑
        ::glShadeModel(GL_SMOOTH);

        //黑色背景
        ::glClearColor(0.0f,0.0f,0.0f,0.0f);
        //设置深度缓存
        ::glClearDepth(1.0f);
        //启用深度测试
        ::glEnable(GL_DEPTH_TEST);
        //所作深度测试的类型
        ::glDepthFunc(GL_LEQUAL);
        //告诉系统对透视进行修正
        ::glHint(GL_PERSPECTIVE_CORRECTION_HINT,GL_NICEST);

        return TRUE;
    }
（3）删除着色表，响应 WM_DESTROY 消息。
void CMyView::OnDestroy()
    {
    CView::OnDestroy();
```

```
    //Delete the RC
    if(m_hRC)
        {
        //Make the RC non-current
        if(::wglMakeCurrent(NULL,NULL) == FALSE)
            {
            ::MessageBox(NULL,"释放 DC 或 RC 失败。","关闭错误
",MB_OK | MB_ICONINFORMATION);
            }
        //Delete the rendering context
        if(::wglDeleteContext(m_hRC)==FALSE)
            {
            ::MessageBox(NULL,"释放 RC 失败。","关闭错误",MB_OK |
MB_ICONINFORMATION);
            }
    m_hRC = NULL;
        }

    //Delete the DC
    if(m_pDC)
    {
    delete m_pDC;
    }
    //Set it to NULL
    m_pDC = NULL;
```

3. 关联消息响应函数

（1）响应 WM_CREATE 消息。

```
int CMyView::OnCreate(LPCREATESTRUCT lpCreateStruct)
{
if(CView::OnCreate(lpCreateStruct) == -1)
 return -1;
```

```
GetParentFrame()->GetWindowText(m_WindowTitle);
GetParentFrame()->ModifyStyle(FWS_ADDTOTITLE,0);

if(!InitOpenGL())
{
::MessageBox(NULL,"初始化 OpenGL 失败.","错误",MB_OK|MB_
ICONEXCLAMATION);
return -1;
}
return 0;
}
```

（2）响应 WM_SIZE 消息。

```
void CMyView::OnSize(UINT nType,int cx,int cy)
{
CView::OnSize(nType,cx,cy);

// TODO: Add your message handler code here
if(cx <= 0 || cy <= 0 )
{
return;
}
if((m_oldRect.right > cx) || (m_oldRect.bottom> cy))
{
RedrawWindow();
}
m_oldRect.right = cx;
m_oldRect.bottom = cy;

//选择投影矩阵
::glMatrixMode(GL_PROJECTION);
//重置投影矩阵
```

```
    ::glLoadIdentity();
//计算窗口的外观比例
::gluPerspective(45,(GLfloat)cx/(GLfloat)cy, 0.1f, 3.0*10e+11f);
//设置模型观察矩阵
::glMatrixMode(GL_MODELVIEW);
//重置模型观察矩阵
::glLoadIdentity();
//::glFrustum(-1.0, 1.0, -1.0, 1.0, 0.0, 7.0);
//设置当前的视口
::glViewport(0, 0,cx,cy);
}
```

4. 使用 OpenGL 绘制图形

```
void CMyView::DrawScene()
{
    glClearColor(0.0f, 0.0f, 0.0f, 1.0f);
    glClear(GL_COLOR_BUFFER_BIT | GL_DEPTH_BUFFER_BIT);
    glLoadIdentity();
    glColor3f(1.0f,0.0f,0.0f);
    glTranslatef(-1.5f,0.0f,-6.0f);
     glBegin(GL_TRIANGLES);                    // 绘制三角形
        glVertex3f( 0.0f, 1.0f, 0.0f);         // 上顶点
        glVertex3f(-1.0f,-1.0f, 0.0f);         // 左下
        glVertex3f( 1.0f,-1.0f, 0.0f);         // 右下
     glEnd();
    SwapBuffers(wglGetCurrentDC());
}
```

此后，各种绘制代码可以放入 DrawScene()中，来扩充自己想要的功能。

5. 显 示 图 形

在 OnDraw()中调用 DrawScene()，程序将绘制一个三角形。

C 搭建可编程管线的 OpenGL 环境

1. 安装开发环境

安装 Visual Studio 2015。在单个共享位置安装尽可能多的库，然后创建一个 Visual Studio 的自定义模板，之后，创建的每个新项目都已经具有必要的库和依赖项，而不必重新定义。

2. 安装 OpenGL / GLSL

OpenGL 或 GLSL 并不需要 "安装"，但需要确保显卡至少支持 OpenGL4.3 以上的版本。

3. 准备 GLFW

窗口管理库 GLFW 需要在运行它的机器上编译——虽然 GLFW 网站包含预编译好的二进制文件下载选项，但它们经常无法正常运行。编译 GLFW 需要先下载并安装 CMAKE。编译 GLFW 的步骤相对简单。

（1）下载 GLFW 源代码。

（2）下载并安装 CMAKE。

（3）运行 CMAKE 并输入 GLFW 源代码所在位置和期望的构建目标文件夹。

（4）单击 "configure"，如果某些选项以红色高亮，请再次单击 "configure"。

（5）单击 "generate"。

CMAKE 会在之前指定的 "构建" 文件夹中生成多个文件。该文件夹中的一个文件名为 "GLFW.sln"，这是一个 Visual Studio 项目文件。用 Visual Studio 打开，并将 GLFW 编译（构建）为 32 位应用程序（目前比 64 位更稳定）。

生成的构建产生了两个我们需要的项目：

（1）由之前的编译步骤生成的 glfw3.lib 文件。

（2）原始 GLFW 下载源代码中的 "GLFW" 文件夹（可在 "include" 文件夹中找到，它包含将使用的两个头文件）。

4. 准备 GLEW

"扩展管理器"库 GLEW 的概述。从 GLEW 官网下载 32 位二进制文件，需要获得的项目是：

（1）glew32.lib（在"lib"文件夹中）。

（2）glew32.dll（在"发布"文件夹中）。

（3）GL 文件夹，包含多个头文件（在"include"文件夹中）。

5. 准备 GLM

在数学库 GLM 官网并下载包含发布说明的最新版本。解压缩后，下载文件夹包含名为"glm"的文件夹。该文件夹（及其内容）是我们需要使用的项目。

6. 准备 SOIL2

图像加载库 SOIL2 安装需要使用一个名为"premake"的工具。虽然该过程涉及多个步骤，但它们相对简单。

（1）下载并解压缩"premake"，其中唯一的文件是"premake4.exe"。

（2）下载 SOIL2（使用左侧面板底部的"下载"链接），然后解压缩。

（3）将"premake4.exe"文件复制到 SOIL2 文件夹中。

（4）打开命令行窗口，导航到 SOIL2 文件夹，然后输入：

premake4 vs2012

它应该显示随后创建的文件数量。

（5）在 SOIL2 文件夹中，打开"make"文件夹，然后打开"windows"文件夹。双击"SOIL2.sln"。

（6）如果 Visual Studio 提示升级库，单击"确定"按钮。

（7）在右侧面板中，右键单击"soil2-static-lib"并选择"构建（build）"。

（8）关闭 Visual Studio 并导航回 SOIL2 文件夹，此时应该有一些新项目。

7. 准备共享的"lib"和"include"文件夹

选择存放库文件的位置。可以随意选择任何文件夹，如你可以创建一个文件夹"C:\OpenGLtemplate"。在该文件夹中，创建名为"lib"和"include"的子文件夹。

（1）在"lib"文件夹中，放置 glew32.lib 和 glfw3.lib。

（2）在"include"文件夹中，放置前面描述的 GL、GLFW 和 glm 文件夹。

（3）导航回 SOIL2 文件夹，进入其中的"lib"文件夹。将"soil2-debug.lib"文件复制到"lib"文件夹（glew32.lib 和 glfw3.lib 所在的文件夹）。

（4）导航回 SOIL2 文件夹，然后导航到"src"。 将"SOIL2"文件夹复制到"include"文件夹（GL、GLFW 和 glm 所在的文件夹）。 此 SOIL2 文件夹包含 soil2 的.c 和.h 文件。

文件夹结构如附图 C.1 所示。

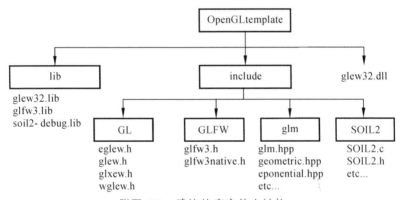

附图 C.1　建议的库文件夹结构

D 本书部分彩图

图 1.2.1　使用 OpenGL 绘图

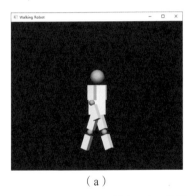

（a）

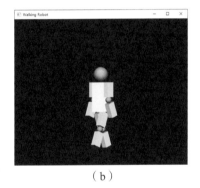

（b）

图 3.2.4　机器人行走的不同姿态

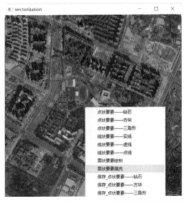

图 4.1.2　面状要素绘制

图 4.1.3　面状要素填充

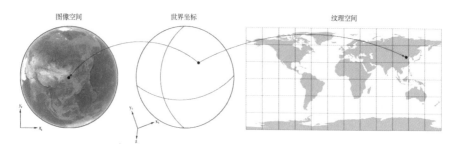

图 4.2.1　纹理映射

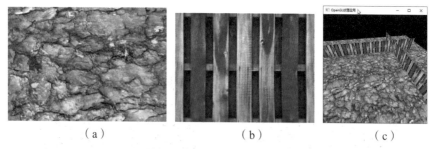

（a）　　　　　　　　（b）　　　　　　　　（c）

图 4.2.2　图像与 OpenGL 纹理使用效果

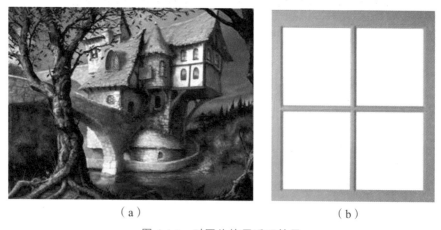

（a）　　　　　　　　　　　　　　　（b）

图 4.4.1　对图片使用透明效果

图 4.4.2　Alpha 测试结果

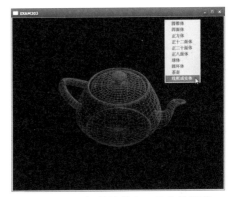

图 5.1.1　GLUT 提供的基本三维实体模型

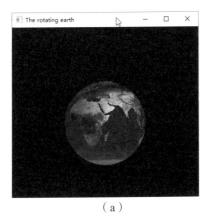

（a）

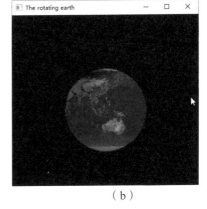

（b）

图 5.1.2　三维地球建模

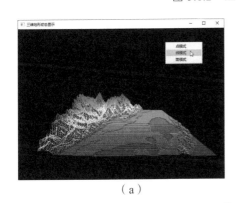

（a）

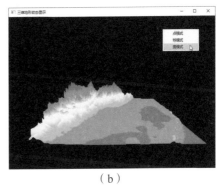

（b）

图 5.2.5　使用 DEM 数据三维建模的实验结果

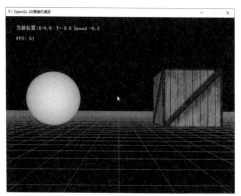

图 5.3.1　摄像机漫游

图 5.4.1　顶面和前后左右相连

图 5.4.2　前后左右 4 幅图相连

图 5.4.3　二次曲面构造的天空盒下
　　　　　的不同场景

图 6.1.3　树叶建模

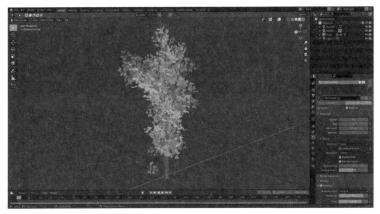

图 6.1.5　在 Blender 树的三维建模

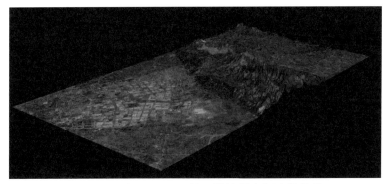

图 6.2.1　采用 Blender 的三维地理空间建模输出

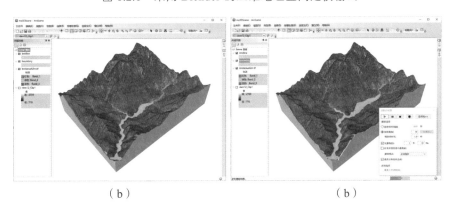

（b）　　　　　　　　　　　　　　（b）

图 6.3.2　有基础的 ArcScene 三维显示